2018 China Biotechnology Talents Report

2018中国生物技术人才报告

中国生物技术发展中心　编著

科学技术文献出版社
SCIENTIFIC AND TECHNICAL DOCUMENTATION PRESS
·北京·

图书在版编目（CIP）数据

2018中国生物技术人才报告 / 中国生物技术发展中心编著. —北京：科学技术文献出版社，2018.10

ISBN 978-7-5189-4802-4

Ⅰ. ①2… Ⅱ. ①中… Ⅲ. ①生物工程—技术人才—研究报告—中国—2018 Ⅳ. ① Q81 ② G316

中国版本图书馆 CIP 数据核字（2018）第 214574 号

2018中国生物技术人才报告

策划编辑：郝迎聪 李 蕊 责任编辑：张 红 李 晴 责任校对：文 浩 责任出版：张志平

出　版　者　科学技术文献出版社
地　　　址　北京市复兴路15号　邮编 100038
编　务　部　(010) 58882938，58882087（传真）
发　行　部　(010) 58882868，58882870（传真）
邮　购　部　(010) 58882873
官　方　网　址　www.stdp.com.cn
发　行　者　科学技术文献出版社发行　全国各地新华书店经销
印　刷　者　北京时尚印佳彩色印刷有限公司
版　　　次　2018 年 10 月第 1 版　2018 年 10 月第 1 次印刷
开　　　本　787×1092　1/16
字　　　数　171千
印　　　张　11
书　　　号　ISBN 978-7-5189-4802-4
定　　　价　108.00元

《2018中国生物技术人才报告》
编委会

编委会主任： 张新民　沈建忠　范　玲
　　　　　　　孙燕荣　董志峰

主　　　编： 孙燕荣

副　主　编： 徐鹏辉

编写组成员（按姓氏笔画排序）：

于善江	王　玥	王　莹	王　磊	尹军祥
卢　姗	田金强	朱　敏	华玉涛	刘　静
杜然然	李小松	李苏宁	李萍萍	杨　力
杨　阳	杨　渊	吴函蓉	旷　苗	何　蕊
余金明	宋卫国	张　鑫	张大璐	张昭军
耿红冉	贾晓峰	夏　凡	徐　萍	郭　伟
黄英明	谢敬敦	濮　润		

前　言

当前，生物技术发展日新月异，对经济社会发展的影响日趋增强，对人类生产生活方式，乃至思维方式和认知模式都带来了深刻改变，日益成为新一轮科技革命和产业变革的核心，是世界强国的战略必争之地。在党和政府的高度重视和广大科研人员的共同努力下，中国生物技术取得了长足的进步，生物经济支撑社会发展的作用不断增强，正在经历从量的积累向质的飞跃、从点的突破向系统提升的重要战略机遇期。

人才作为科技创新和生物技术发展的第一资源，是决定各国国际竞争力的关键要素。党中央、国务院始终高度重视人才工作。党的十九大报告把人才工作放到党和国家工作的重要位置，提出"人才是实现民族振兴、赢得国际竞争主动权的战略资源"的重要论断，作为人才工作的新定位和指导思想。习近平总书记多次就人才工作发表重要讲话，突出强调了创新驱动本质上是人才驱动。为把握生物技术发展的重要战略机遇，推动中国由生物技术大国向生物技术强国转变，加快实现"两个一百年"的奋斗目标和中华民族的伟大复兴，为中国梦提供强劲引擎，必然需要一支强大的生物技术人才队伍。

2011 年发布的《国家中长期生物技术人才发展规划（2010—2020 年）》提出，到 2020 年应造就一支规模宏大、水平一流、结构合理、布局科学的生物技术人才队伍。但到目前为止，尚缺乏对中国生物技术人才发展现状做出客观和系统分析的报告。因此，为尽可能摸清家底，紧密配合国家人才强国战略的实施，推动生物技术领域人才的培养和引进机制，优化构建科学的生物技术人才使用和评价体系，为生物技术人才发展战略的制定和工作的开展提供必要支撑，中国生物技术发展中心组织编写了《2018 中国生物技术人才报告》。

本书首次系统客观地对我国生物技术领域人才发展现状进行了阐述，可为生物技术领域的科学家、企业家、管理人员和关心生命科学、生物技术与产业发展的各界人士提供参考。但受编写定位和数据来源所限，内容的全面性和深入性方面仍然存在不足之处，主要表现在以下 3 个方面：一是未纳入部分重要国家级人才计划的数据，在高层次人才分析的全面性方面有所缺失；二是未进行生物技术领域和其他领域人才的系统比较，对生物技术领域人才的整体定位缺乏对比性数据的支撑；三是未进行国内外生物技术领域人才现状对比，缺乏对我国生物技术人才优势和短板的深入分析。以上 3 点将在今后的工作中进一步完善。同时，由于编写人员水平有限，本书难免有疏漏之处，敬请读者批评指正。

编者
2018 年 10 月

目 录

第一章　总论

继信息技术之后,生物技术日趋成为新一轮科技革命和产业变革的核心引擎。自 20 世纪 90 年代以来,中国生物技术取得了长足的进步,总体水平已经在发展中国家中处于领先地位。未来,生物经济将成为应对自然变化、环境污染、能源不可再生和人口膨胀等人类社会发展挑战,实现人类经济社会可持续发展的有效手段,生物产业正加速成为中国经济支柱性产业领域。为加快创新驱动发展的步伐,将中国建设成为生物技术强国与生物产业大国,提升中国生物技术产业的国际竞争力,必须高度重视生物技术领域的人才发展,营造专业人才创新发展的宽松环境,加强高层次人才队伍建设,为全面落实人才强国战略和加快转变科技创新发展方式提供有力的人才支撑。

第一节　概述

目前,中国正处于由科技大国向科技强国转变的关键时期,生物技术人才队伍的建设,与国家生物技术发展的战略目标和进程密切相关,是当前中国抓抢生物技术战略机遇期中最为紧迫和关键的任务之一,对推动中国从生物技术大国向生物技术强国转变具有决定性意义。面对新的形势,系统梳理中国生物技术人才的发展现状,可为后续进一步分析生物技术人才发展现状的优势和不足提供依据,为生物技术人才未来发展的规划与布局提供基础数据支撑。通过系统收集、分析各类生物技术人才数据,本书从人才培养、在职人才、高层次人才和青年高层次人才 4 个方面较系统全面地展示了当前中国生物技术领域人才队伍的总体规模和主要特点。

一、生物技术人才基本情况

本报告在编写过程中首先明确了"生物技术"和"人才"的范畴,在此基础上

系统收集了生物技术人才数据，并对生物技术人才规模和特点进行了展示和分析。

（一）生物技术人才总体规模

人才培养方面，2008—2017 年，全国高等院校生物技术领域招生数 846 万人，毕业生数 766.1 万人，硕博士学位论文 69.9 万篇。在职人才方面，276 家重点机构在职生物技术人才约 29 万人，106 家国家级高新技术产业开发区在职生物技术人才约 97.7 万人，32 家国家临床医学研究中心在职人才约 1.9 万人，74 家生物技术领域国家重点实验室在职人才 6189 人，国家科技专家库生物技术领域专家约 2.8 万人。高层次人才方面，中国科学院生物技术领域院士 150 人，中国工程院生物技术领域院士 198 人，"长江学者"生物技术领域入选者 840 人，国家重点研发计划生物技术领域重点专项项目负责人 461 人，科技部"创新人才推进计划"生物技术领域入选者 758 人。青年高层次人才方面，"杰出青年科学基金"生物技术领域入选者 1202 人，"青年长江学者"生物技术领域入选者 143 人，国家重点研发计划生物技术领域青年专项负责人 53 人。

（二）生物技术人才范畴

本报告对于生物技术人才发展现状的调研和阐述基于两个前提：一是"生物技术"的学科范畴。为使首次生物技术人才调研尽量系统和全面，本书采取了广义上的生物技术领域范畴。按照《国家标准化管理委员会》和《中华人民共和国国家质量监督检验检疫总局》发布的学科分类，经专家研讨确定了生物技术领域涉及的 20 个一级学科和 130 个二级学科（附录 B）。二是"人才"的范畴。根据《国家中长期人才发展规划纲要（2010—2020 年）》，人才是指具有一定的专业知识或专门技能，进行创造性劳动并对社会做出贡献的人，是人力资源中能力和素质较高的劳动者，主要包括经营人才、管理人才、技术人才和技能人才。经营人才主要指单位负责人和职能部门负责人；管理人才主要指党政工作负责人；技术人才主要指具有中级及以上专业技术资格或本科及以上学历的人员；技能人才主要指在生产技能岗位工作，具有高级工及以上技能等级或具有专业技术资格的人员。根据《中央人才工作协调小组关于实施海外高层次人才引进计划的意见》，高层次人才定义为"能够突破关键技术、发展高新产业、带动新兴学科的战略科学家和科技领军人才"。

（三）生物技术人才数据来源

生物技术人才数据主要来源于 4 个方面：一是中国生物技术发展中心于 2018 年 6 月开展的全国生物技术人力资源调研。本次调研主要采取问卷调查的方式，范围覆盖全国 31 个省级行政区（未包括香港、澳门、台湾）。调研对象包括部分高等院校、科研院所和医疗机构，其中高校为含有生物技术相关专业的部分 985、211、"双一流"高校，以及生物技术相关"双一流"学科所在高校；科研院所为中国科学院、中国农业科学院和中国医学科学院所属的科研院所，以及各省市自治区科技厅、局、委员会确定的生物技术相关的省部级科研院所；医疗机构为各省市自治区科技厅、局、委员会确定的主要研究型三甲医院（附录 C）。调研内容为 2015—2017 近 3 年来生物技术相关专业人才培养数量，以及 2017 年度在职人员总量和构成情况。调研共发放 320 份问卷，最终收回有效问卷为 276 份，其中高等院校 73 所、科研院所 103 所、三甲医院 100 所，回收率为 86.3%。对问卷反馈数据的统计分析反映了部分重点机构生物技术人才培养和在职现状。二是对 2008—2017 年全国高等院校生物技术相关专业学生数量和分布，以及 2008—2017 年生物技术相关专业学位论文的数量和分布进行了调研和分析，从学生培养和论文产出的角度反映了近 10 年来中国生物技术领域人才培养现状。三是对生物技术相关的国家级基地平台在职人才现状进行了调研和分析，包括国家临床医学研究中心、国家级高新技术产业开发区和国家重点实验室等，从国家级基地平台的角度反映了重点领域生物技术人才现状。四是对部分国家级重大人才计划进行了调研和分析，包括两院院士、教育部"长江学者奖励计划"、科技部"创新人才推进计划"、国家自然科学基金委员会"杰出青年科学基金"等，以及国家重点研发计划青年专项负责人，从人才计划入选者和科研项目负责人的角度反映了生物技术高层次人才和青年人才的现状。

二、生物技术人才发展的主要特点

对各类调研数据的系统和客观分析表明，目前中国生物技术人才发展现状具有以下 4 个特点。

（一）生物技术领域培养的人才数量近年来呈稳步上升趋势

中国生物技术领域人才培养方面，无论是学生人数，还是学位论文产出，均呈

现持续增长。2008—2017 年，全国高等院校生物技术领域专科、本科、研究生招生总人数 846 万人，毕业总人数 766.1 万人，年度人数呈现持续增长趋势。调研所涉及的 73 所重点高校和 103 所科研机构中，近 3 年来生物技术领域专业入学学生人数为 16.8 万人，占所有专业学生总数的 11.4%，并且呈逐年上升趋势：2016 年较 2015 年增长 3.6%，2017 年较 2016 年又增长 8.1%。

（二）生物技术在职人才呈现高学历和重研发的特点

生物技术领域聚集了高学历人才及从事研发的人才。对调研进行反馈的 276 家机构中，生物技术人才约为 29 万人，占其人力资源总量的 13%。从学历分布上看，硕士及博士学历者占比为 47%，而其中高等院校和科研院所硕士及博士学历者占比分别为 83.3% 和 76.1%。106 家国家级高新技术产业开发区中，生物技术人才约为 97.7 万人，占其人力资源总量的 1.6%。其中，从事生物医药研发的人员为 22.2 万人，占生物技术人才总量的 23%。32 家国家临床医学研究中心在职人员约为 1.9 万人，其中硕士及博士学历者占 55.3%。74 家国家重点实验室在职人员 6189 人，其中研究人员占 84%。

（三）生物技术人才是中国高层次科技人才中最雄厚的力量

生物技术领域高层次人才在整体高层次科技人才中占据了重要地位。中国科学院院士中，生命科学和医学学部院士 150 人，占总数的 18.9%；中国工程院院士中，医药卫生学部和农业学部院士 198 人，占总数的 22.7%。生物技术领域"长江学者" 840 人，占总数的 21.2%，人数约为信息技术领域的 2 倍，且近年来呈现明显的加速增长趋势。

（四）生物技术青年人才形成了良好的人才储备

中国非常重视青年人才的培养，在各项人才计划中设立青年基金和项目，对青年人才的发展起到了积极的促进作用。其中，生物技术领域青年人才的成长尤其突出。"杰青"中生物技术领域入选者占总数的 29.9%。"青年长江学者"中生物技术领域入选者占总数的 20.3%。生物技术领域国家重点研发计划重点专项项目负责人中，青年专家占比约为 29%。中国科学院院士中，生物技术领域院士入选平均年龄呈明显下降趋势，由 2000 年以前的 60 岁，下降到 2010 年后的 53 岁，年轻化趋势较平均水平（约下降 5 岁）更为显著。对调研进行反馈的 276 家机构中，40 岁及以下的青年人员占比均超过 50%：高校为 54.8%，科研院所为 62.3%，医疗机构为 73%。

第二节　生物技术发展现状和趋势

21 世纪以来，以生命科学为主导、多项技术共同推动的新科技革命已经形成，这一革命将对人类健康、生态改善和社会伦理产生深远的影响，生物技术正逐步展现其促进未来全球经济社会发展的潜力，日益成为科技创新的前沿和带头学科。

一、生物技术是新一轮科技革命和产业变革的核心

生物技术作为 21 世纪最重要的创新技术集群之一，群体性突破及颠覆性技术不断涌现，向农业、医学、工业等领域广泛渗透，在重塑未来经济社会发展格局中的引领性地位日益凸显。一方面，生物技术的"引领性、突破性、颠覆性"推动了各领域的技术创新和突破：生物酶、发酵等技术引领石化工业向绿色工业转变；基因育种等技术引领传统农业向现代农业转变；以基因编辑为代表的基因操作技术，将人类带入"精确调控生命"的时代；以干细胞和组织工程为核心的再生医学，将原有疾病治疗模式突破到"制造与再生"的高度；CAR-T 疗法等免疫治疗技术突破了传统的肿瘤治疗手段，实现肿瘤治疗从延长生存时间到治愈的突破；另一方面，生物技术带来的产业变革正在成为生物经济快速崛起的关键驱动力。生物医药方面，到 2022 年生物制品产值将达到 3260 亿美元，占医药市场 30% 的份额；2024 年全球处方药销售额将达到 1.2 万亿美元，全球销售额排名前 10 位的药品将均为生物技术药品。生物农业方面，2016 年转基因作物的全球种植面积达到史上最高的 1.851 亿公顷；2015 年全球农业生物制剂市场价值约 51 亿美元，预计 2016—2022 年农业生物制剂市场复合年增长率将达到 12.76%，到 2022 年达到 113.5 亿美元。生物能源方面，2016—2020 年全球生物燃料市场的复合年增长率将达到 12.5%，生物质能正在成为推动能源生产消费革命的重要力量。生物制造方面，到 2025 年生物基化学品将占据 22% 的全球化学品市场，产值将超过 5000 亿美元 / 年；到 2020 年生物

基材料将替代 10%～20% 的化学材料，精细化学品的生物法制造将替代化学法的 30%～60%。

二、发展生物技术是提高国际竞争力的必然措施

近年来，欧美等发达国家及新兴经济体持续加强生物技术战略部署，抢占生物经济战略高地。2010 年，德国启动了"2030 年国家生物经济研究战略——通向生物经济之路"科研项目，在 2011—2016 年投入 24 亿欧元用于生物经济的研发和应用；2011 年 12 月，英国发布了《英国生命科学战略》；2012 年 2 月，欧盟委员会通过了欧洲"生物经济"战略，加大与生物经济相关的研发和技术投资力度，增强生物经济的竞争力；2012 年 4 月，俄罗斯总理普京签署了"俄罗斯联邦生物技术发展综合计划 2012—2020"，投资约 1.18 万亿卢布；2 天后，美国发布了《国家生物经济蓝图》，该蓝图列出了推动生物经济将要采取的措施，以及为实现这一目标正在采取的行动；2012 年 5 月，挪威发布了《国家生物技术发展规划（2012—2021）》。2013 年，欧盟和美国先后启动"人脑工程计划"，目的是探索人类大脑工作机制，绘制脑活动全图，最终开发出针对大脑疾病治疗的有效方法；欧盟 2014 年启动"地平线 2020"（Horizon 2020），将健康、生物经济等纳入战略优先领域；美国 2016 年启动"癌症登月计划"，旨在显著降低癌症的发病率和死亡率，使癌症可预防、可发现、可治愈；同年启动"国家微生物组计划"，提出对微生物组进行全面深入的研究，并将研究成果广泛应用于医疗、食品生产及环境保护等重点领域；英国 2016 年发布"英国合成生物学战略计划 2016"，提出在 2030 年实现英国合成生物学 100 亿欧元产值，积极抢占合成生物学制高点。

中国生命科学与生物技术发展迅速，进入了从量的积累向质的飞跃、点的突破向系统能力提升的重要时期，从以"跟跑"与"并跑"为主，向"并跑"与部分领域进入"领跑"转变。但与发达国家相比，中国在创新实力、核心技术、产业化等方面仍然存在着一定差距。当前，中国特色社会主义进入新时代，中国经济社会飞速发展的同时，也面临着作为大国参与国际竞争，以及国内经济结构转型升级、跨越"中等收入国家陷阱"等一系列挑战。生物技术和生物经济已成为中国应对国际科技、经济竞争和国内转型发展新形势和新挑战的重要手段和坚实支撑。

三、发展生物技术是保障国计民生的重要手段

生物技术涉及面广、渗透性强，深入影响人民生活的方方面面。在健康领域，预计到 2030 年，中国人均预期寿命将达 79 岁，老年人口比重达 25%，提升健康水平将成为民众关注的焦点。生物技术的发展可以支持产出各类新型诊疗技术和产品，如精准医疗、生物治疗等新手段能有效延长肿瘤患者的生存期，将为应对重大疾病和老龄化的挑战、实现建设"健康中国"的目标提供支撑。在农业领域，预计中国人口到 2030 年将达 14.5 亿左右的峰值，随着生活水平的提高，对粮食及肉蛋奶的消耗量还会持续上升。生物技术可不断提高农林牧渔等领域的生产效率，如超级杂交稻 2016 年亩产已超过 1500 kg，将为满足人民日益提升的消费需求和保障粮食安全提供支撑。在资源环境领域，随着经济的发展，到 2030 年中国对煤炭、石油、钢铁等资源的需求仍将居高不下，而目前中国资源枯竭型城市已达 100 余座，成为制约中国可持续发展的重要问题。生物技术可助力绿色制造、节能环保、循环经济的发展，据预测，2030 年 35% 的化学产品将由生物基原料制造，将为实现转型升级、再造绿水青山提供支撑。

第三节　生物技术人才发展的战略需求

创新驱动发展是习近平总书记治国理政新理念、新思想和新战略的重要组成部分，其中突出强调了人才资源是第一资源，创新驱动本质上是人才驱动。当前，中国生物技术的迅速发展，对人才提出了新的需求。为把中国建设成为生物技术强国和生物产业大国，实现弯道超车，迫切需要建立一支具有较强国际竞争力的生物技术人才队伍。

一、科技人才是创新驱动的主导力量

党的十八大以来，创新驱动发展上升为国家战略，其中突出强调了科技创新的源头活水在人才，创新驱动发展的核心在人才。科技人才的主观能动性和自主创新能力是助推科学技术跨越式发展的根本动力。推进"四个全面"战略布局，贯彻落实创新、协调、绿色、开放、共享的发展理念，实现"两个一百年"伟大目标，都

离不开雄厚的科技人才力量作为支撑。2017 年 4 月，科技部发布了《"十三五"国家科技人才发展规划》，指出加强科技人才队伍建设必须坚持以科技人才优先发展为导向、以服务国家战略为优先需求、以优化科技人才结构为重点、以创新人才体制机制为手段、以提升人才创新能力为核心的基本原则，加快科技人才队伍结构的战略性调整，大力培养优秀创新人才，重点引进高层次创新人才，为创新型国家建设提供强大的科技人才队伍保障。2017 年 10 月，党的十九大报告根据中国特色社会主义进入新时代的新要求，提出"坚持党管人才原则，聚天下英才而用之，加快建设人才强国"和"更加积极、更加开放、更加有效的人才政策"，并特别提出，"要加强国家创新体系建设，强化战略科技力量，培养造就一大批具有国际水平的战略科技人才、科技领军人才、青年科技人才和高水平创新团队。"党对人才发展规律的深刻把握和人才工作的高度重视，为科技人才发展提供了根本遵循和重要的历史机遇。

二、生物技术的迅猛发展对人才发展提出了新需求

中国生物技术的迅速发展对人才提出了新的需求。一方面，生物技术突破性科研攻关需要从事前沿、颠覆性科学研究的基础研发型人才，生物技术催生的战略性新兴产业的发展需要从事产业开发、技术转化的应用型人才；另一方面，生物技术的发展伴随着日益凸显的学科交叉、知识融合和技术集成，生物技术创新成果往往产生于学科的边缘或交叉点，对复合型人才的需求是推动生物技术发展的必由之路。同时，生物安全已成为国家安全的重要环节，从立法、行政监管和行业自律多方面构筑生物安全防线已成为当前世界主要国家防控生物安全和伦理风险的主要做法，因此，生物技术战略管理和监管相关领域的人才建设成为保障生物技术持续发展的重要环节。2011 年 12 月发布的《国家中长期生物技术人才发展规划（2010—2020 年）》，针对当时生物技术人才发展状况和未来需求提出了一系列政策措施建议，包括促进生物技术人才创新，支持生物技术人才创业，促进生物技术人才在产学研各领域间流动，促进生物技术人才向边远地区流动，促进生物技术人才发展的财税金融创新，支持生物技术人才参与国际合作 6 个方面，为生物技术人才发展明确了战略地位、基本原则和重点任务。建立一支规模宏大、水平一流、结构合理、布局科学的生物技术人才队伍将为生物技术和生物产业的创新发展提供有力的智力保障和不竭动力。

第二章　生物技术人才发展政策现状

21世纪以来，生物技术在引领未来经济社会发展中的战略地位日益凸显，生物技术产业正加速成为继信息产业之后又一个新的主导产业，将深刻改变世界经济发展模式和人类社会生活方式。从战略需求上看，人才是科技创新发展的第一资源，是建设科技强国的必备条件，是决定各国国际竞争力的核心要素。实施积极有效的人才发展政策是推动人才队伍建设、发挥人才创新活力的关键保障。

第一节　世界主要国家生物技术人才发展政策现状

人才作为生物科技创新的第一资源，在国际竞争中具有决定性的意义。世界主要国家纷纷制定有利于生物技术人才发展的政策，并将生物技术人才政策上升到国家战略规划的高度，采取培养与引进并举，投入和使用并重的政策，努力提升本国生物技术及产业在国际上的竞争力。

一、采用多元模式助力生物技术人才培养

人才培养是人才发展战略的基石，世界主要国家均高度重视生物技术人才培养，采取多元培养模式，以提供适应生物技术发展的复合型高质量人才，表现在以下3个方面。

一是以生物技术产业发展为导向进行人才培养。例如，美国在《生物经济蓝图》中提出加强人才培养的战略性使命，鼓励联邦各机构应采取措施，确保未来的生物经济有持续的、训练有素的劳动力支撑，使更多的企业参与项目制定，培养各层次学生；鼓励学术机构调整培训计划，更好地为未来的生物经济储备人才力量；要求联邦各机构制定奖励措施，以满足21世纪生物经济对劳动力的需求。在规划培训方案时，重视各产业领域利益相关者的意见，评估培训课程是否合理，能否满足用人

单位的需求。同时，加强大学创业教育，将创业精神及行业联合的思想整合到大学的培训过程中，从而推动从研究到产业化的路径。

二是采取产学研合作的培养模式。例如，美国政府鼓励大学与产业界结成伙伴关系，加强转化人才的培养，弥合科研与应用之间的鸿沟。美国大学积极为学生提供到生物技术领域新创企业和小微企业实习和试训的机会，在研究中心的课程设置中开设传授创新技能的相关课程，并要求学生必须学习不同学科的课程，使各类培训资源更加聚焦生物技术产业技能的需求。英国鼓励生物技术企业和研究机构联合开展创新，强调激发各层次人才的活力，增加对科研及知识探索的投资。英国政府通过资助高等教育、继续教育、产业技能委员会和国家技能研究院所（National Skills Academies，NSAs）来影响英国生物技术创新人才的供应，在提高研究机构和企业创新能力的同时培养富于创新能力的生物技术人才。

三是注重跨学科人才培养。例如，美国多所著名大学都设有跨学科的课题组、实验室和研究中心，鼓励大学教授在多个学科教研所之间执教，并通过跨系委员会来协调相关工作，以此促进跨学科硕博士的培养。德国推出"高校毕业生计划"，促进以边缘和跨学科为特征的科研工作，为培养相应的博士生创造条件，并设立专门的 BioFuture 竞赛计划，列支 6000 万欧元资助青年科学家小组从事生物技术边缘学科和交叉学科（化学、物理、数学、信息学、工程科学和纳米技术等）的研究。

二、营造良好的生物技术人才发展环境

营造良好的人才发展环境是保障人才政策可持续发展的关键。世界主要国家积极出台政策措施，创建良好的人才发展环境，以吸引生物技术人才，主要包括以下2 个方面。

一是保障稳定和不断增长的资金投入。主要发达国家均重视并不断增加生命科学领域人才发展所需的资金投入，充足的资金支持为其研究人员提供了良好的工作条件。美国著名生物医学研究机构的"HHMI 研究员"项目每年投入约 7 亿美元用于研究人员的科研经费。欧盟 2012 年发布的题为《欧洲生物经济的可持续创新发展》战略报告中提出加大资金投入，组织大学制定新的生物经济大学课程和职业训练计划。德国联邦政府每年拿出 1.8 亿欧元，为国内外 30 岁左右的优秀人才包括生物科技人才提供自主开展研究和教学工作的机会。

二是充分利用聚集效应推动人才发展。美国以高水平的学术研究机构和人才聚集为基础建立生物技术产业集群，如美国波士顿生物技术产业集群，集中了哈佛大学、波士顿大学、麻省理工学院等世界顶尖的高校、研究机构和多家全美最好的教学与研究医院，人才、企业、产业的集聚效应推动了重大技术突破，涌现了5位诺贝尔奖获得者。日本改革大学和研究机构的经营体系，打破人才、知识和资金之间的壁垒，形成人才、知识、资金集结的"场域"，从而增加研究中心之间人员和资金的流动，为人才网络的建立和科技成果的突破创新提供了良好的环境。

三、推出各项政策加强引进优质生物技术人才

人才引进政策一直是美国、欧盟等国家和地区的重要发展战略，发达国家通过实施技术移民政策，建立通畅的移民程序来吸引人才。美国放宽理工科外国留学生毕业后的实习期，方便留学生有更多时间留在美国工作，对于高等教育机构硕士以上学历的外国公民可以不受临时工作签证的配额限制。欧盟对高级专业人才实行优惠的居留审批政策。日本实施的"留学生30万人"计划，通过简化入境、推动大学国际化、提供生活就业支持等手段，吸引大量海外留学人员。

第二节　中国生物技术人才发展政策措施

2017年10月，党的十九大报告根据中国特色社会主义进入新时代的新要求，对人才工作进行了新定位、提出了新要求、明确了新任务，为做好新时代的人才工作提供了根本遵循。近年来，中国生物技术研究不断取得重大突破，生物技术产业不断发展壮大，其总体水平已经在发展中国家中处于领先地位。其中，生物技术人才相关的人才工程和政策措施起到了极大的推动作用。

一、国家重大人才工程和计划

各部门出台的重大人才工程和计划既支持了本土优秀科技人才发展，也吸引了国际高层次科技人才。与生物技术人才密切相关的人才计划包括中组部"千人计

划"、国家自然科学基金委员会"杰出青年科学基金"、教育部"长江学者奖励计划"、科技部"创新人才推进计划"、中组部、人力资源社会保障部"万人计划"和中国科学院"百人计划"等，这些人才计划的实施对壮大中国生物技术人才队伍、提升生物技术科技水平起到了积极的推动作用。

1. 中组部"千人计划"

"千人计划"是海外高层次人才引进计划的简称，于 2008 年 12 月开始实施。"千人计划"主要是围绕国家发展战略目标需求，在国家重点创新项目、重点学科和重点实验室、中央企业和金融机构，以及高新技术产业开发区为主的各类园区等，有重点、分层次地引进、支持一批海外高层次人才回国（来华）创新创业，在科技创新、技术突破、学科建设、人才培养和高新技术产业发展等方面发挥了积极作用，正成为创新型国家建设的一支重要生力军。

"青年千人计划"是青年海外高层次人才引进计划的简称。2010 年 5 月底召开的全国人才工作会议对抓紧培养造就青年人才提出了明确要求。根据人才成长的一般规律，35 岁左右的青年人才是最有创新激情和创新能力的群体。为此，中央人才工作协调小组办公室在广泛听取多方面专家意见的基础上，决定实施"青年千人计划"项目，大力引进一批有潜力的优秀青年人才。"青年千人计划"为中国科技、产业的跨越式发展提供了强大的人才支撑和储备。

2. 国家自然科学基金委员会"杰出青年科学基金"

"杰出青年科学基金"于 1994 年 3 月 14 日由国务院批准设立，由国家自然科学基金委员会负责管理，每年受理一次。是中国为促进青年科技人才的成长，鼓励海外学者回国工作，支持在基础研究方面已取得突出成绩的青年学者自主选择研究方向开展创新研究，加速培养造就一批进入世界科技前沿的优秀学术带头人而特别设立的，每年资助优秀青年学者约 200 名。截至 2017 年年底，这项基金已资助了3000 多名杰出青年科学家的研究工作，成为促进中国高层次优秀青年科技人才脱颖而出的重要途径之一。

国家"优秀青年科学基金"也被称为"小杰青"，是国家自然科学基金委员会自2012 年起设立的项目，目的在于进一步贯彻落实国家中长期人才发展规划纲要的部署，加强对创新型青年人才的培养，完善国家自然科学基金人才资助体系。国家优秀青年科学基金每年资助优秀青年学者 400 名。作为人才项目系列中的一个项目类型，国家优秀青年科学基金项目将国家自然科学基金青年科学基金项目与国家杰出青年科学基金项目进行了有效衔接，加速了创新型青年人才的成长。

3. 教育部"长江学者奖励计划"

"长江学者奖励计划"是中国重大人才工程的重要组成部分，自 1998 年开始实施，主要宗旨在于通过特聘教授岗位制度的实施，延揽大批海内外中青年学界精英参与中国高等学校重点学科建设，并在若干年内培养、造就一批具有国际领先水平的学术带头人，以提高中国高校的学术地位和竞争实力。2005 年 6 月，"长江学者"奖励范围由内地高等学校扩大到港澳地区高等学校和中国科学院所属研究机构。2015 年，"长江学者奖励计划"新增青年学者项目，遴选一批在学术上崭露头角、创新能力强、发展潜力大、恪守学术道德和教师职业道德的优秀青年学术带头人。

4. 科技部"创新人才推进计划"

自 2012 年起，科技部、人力资源社会保障部、财政部、教育部、中国科学院、中国工程院、国家自然科学基金委员会、中国科学技术协会开始启动实施创新人才推进计划，旨在通过创新体制机制、优化政策环境、强化保障措施，培养和造就一批具有世界水平的科学家、高水平的科技领军人才和工程师、优秀创新团队和创业人才，打造一批创新人才培养示范基地，加强高层次创新型科技人才队伍建设，引领和带动各类科技人才的发展，为提高自主创新能力、建设创新型国家提供有力的人才支撑。截至 2016 年，共遴选支持科技创新领军人才、创新团队负责人、科技创新创业人才 2658 人。

5. 中组部、人力资源社会保障部"万人计划"

2012 年，国家高层次人才特殊支持计划（又称"万人计划"）正式启动实施，是与"千人计划"并行的国家级重大人才工程，总体目标是用 10 年时间，遴选支持 1 万名左右高层次创新创业人才。"万人计划"分为三个层次。第一层次杰出人才：计划支持 100 名，每年遴选一批。具体标准为：研究方向处于世界科技前沿领域，基础学科、基础研究有重大发现，具有成长为世界级科学家的潜力，重视遴选中青年杰出人才。第二层次领军人才：国家科技和产业发展急需紧缺的领军人才，计划支持 8000 名，每年遴选一批。主要包括：科技创新领军人才、科技创业领军人才、哲学社会科学领军人才、教学名师和百千万工程领军人才。第三层次青年拔尖人

才：计划支持 2000 名，每年遴选一批 40 周岁以下、具有较大发展潜力的青年拔尖人才。

6. 中科院"百人计划"

1994 年，中科院率先推出了面向海内外的人才计划——"百人计划"，"百人计划"是一项高目标、高标准和高强度支持的人才引进与培养计划。该项目原计划在 20 世纪的最后几年中，以每人 200 万元的资助力度从国外吸引并培养百余名优秀青年学术带头人。20 年来，"百人计划"为中国引进和培养了一大批高水平的科技领军人才和拔尖人才，探索出了一条适应中国国情的人才引进和培养新途径。

二、地方生物技术人才发展政策措施

在国家人才战略的指导下，各地也纷纷出台相关政策来加快科技人才队伍建设。其中，与生物技术人才直接相关的政策主要表现为以下两个特点。

一是在生物医药产业发展政策中，强调采取自主培养和人才引进相结合的方式，加快人才队伍建设，建立人才荣誉和奖励制度，全面激发生物技术人才的创新活力，如广东、四川、湖南、浙江、辽宁等地。

1. 广东省

广州市人民政府在"关于加快生物医药产业发展的实施意见"（2018 年）中指出，要集中力量培养、引进生物产业研发、管理、技能、销售等方面的优秀人才和团队，对高层次人才和创业领军团队给予资助和补贴，并实施人才绿卡制度，对在广州市工作、创业的非户籍国内外产业领军人才给予工作和生活的便利条件。佛山市顺德区人民政府办公室在《关于印发佛山市顺德区促进生物医药产业发展实施办法的通知》中强调，进一步加大对生物医药产业高级管理人才的扶持，对新迁入顺德或在顺德新建公司的生物医药企业，自其企业营业执照签发之日起 3 个完整的会计年度内，每年给予其公司高管每人 5 万元补贴。深圳市政府发布《深圳生物产业振兴发展政策》，明确了对生物技术人才的激励政策，包括鼓励生物产业人才申报高层次专业人才认定；对生物企业研发人才给予资助；支持生物企业、科研机构设立博士后工作站、流动站或创新基地并给予资助和人员生活补助等。

2. 四川省

四川成都高新区管委会对高新区符合生物产业重点领域企业的核心管理及研发人才，在个人贡献奖励、子女就学等方面给予支持。对诺贝尔奖获得者、海内外院士及其团队入驻高新区，通过创办产业园、加速器等方式来实施成果转化或产业化的，给予最高 5000 万元的专项补贴支持；对国家、省、市重点人才计划或海外留学归国高层次人才团队到高新区实施成果转化或产业化的，给予最高 500 万元的创业支持。

3. 湖南省

湖南长沙高新技术产业开发区对于经管委会认定的生物医药与健康领域高层次人才，纳入高新区"555 人才计划"，最高给予人民币 100 万元的启动资金、人民币 100 万元的研发经费资助、人民币 1000 万元的股权投资支持，同时加强人才服务。对高新区生物医药与健康领域高端人才，在园区人才公寓、公租房中安排住房，其子女安排在园区内公办学校就读（义务教育阶段）。

4. 浙江省

2018 年 5 月，浙江省杭州市人民政府办公厅发布了《关于促进杭州市生物医药产业创新发展的实施意见》，要求深入实施人才优先发展战略，加快招才引智，围绕生物医药产业转型升级需要，编制产业紧缺急需人才目录，完善新药创新创业团队招引和培育的激励机制，为创新创业人员提供良好的创业环境。

5. 辽宁省

辽宁本溪高新技术产业开发区大力扶持生物医药产业高层次人才，每年将设立不少于 2000 万元的人才专项基金，用于人才引进、培养、激励等方面工作，重点扶持高层次人才和团队，奖励做出突出贡献的高层次人才及其所在企业。同时，还在住房、税收、薪金、子女就学等方面对引进的高层次人才和团队提供诸多优惠政策。

二是在科技人才政策和人才计划中，重点支持生物医药领域的人才，如江苏、广东等地。广东省广州南沙新区 2018 年印发了《广州南沙新区（自贸片区）集聚人才创新发展若干措施实施细则》，重点支持新一代生物基药、人工智能等战略性新兴产业，对入选的高端领军人才创业团队通过补助形式给予团队资助。江苏省苏州高新区印发了《关于进一步推进苏州高新区科技创新创业人才计划的实施细则》，强调苏州高新区科技创新创业人才计划围绕医疗器械和生物医药、新一代信息技术、高端装备与先进制造、新能源、新材料和节能环保等产业领域，大力引进高层次科技人才，对于人才团队给予经费补贴。苏州工业园区自2017年起实施《人才安居工程的若干意见（试行）》，其创业领军人才计划重点支持生物医药等新兴产业。南通市人民政府实施的"江海英才"计划中，优先发展生物医药、现代农业、先进装备制造、精细化工、电子信息、新能源、新材料等领域，对这些领域的高层次人才提供科技项目经费资助、安家费补助和生活津贴。

第三章 生物技术人才培养现状

人才培养是建设高水平人才队伍的基础性工作，生物技术人才发展离不开高质量的生物技术领域专业人才培养。对生物技术领域人才培养情况的分析来源于全国生物技术领域专业学生培养的数量、专业分布和发展趋势，主要包括 3 个方面：一是 10 年来教育部全国高校招生和毕业生数量；二是含有生物技术相关专业的部分高等院校、国家级和省部级科研院所近 3 年来相关专业学生入学的数量和构成；三是万方学位论文数据库中近 10 年来生物技术相关专业硕士、博士及博士后学位论文的数量和分布。

对以上信息的分析反映出中国生物技术领域人才培养现状有以下几个特点：一是生物技术领域培养的人才数量近年来总体呈上升趋势，尤其是 985、211、"双一流"高校及"双一流"学科所在高等院校中，生物技术领域学生人数持续增长，同时生物技术领域学生在所有专业学生中的占比也呈上升趋势；二是高等院校生物技术领域博士及博士后培育优势明显，博士及博士后学位论文数占 16.1%，远超平均水平的 9.9%；三是整体学科分布方面，临床医学优势突出，其次为生物学、中医中药学、农学、药学，5 个专业共占 74.4%；四是博士及博士后学科分布方面，生物学和基础医学优势较为明显，共占比 45.5%；五是在环渤海、长三角等地形成人才培养集聚效应；六是生物技术领域人才培养中女性多于男性。

第一节 近 10 年生物技术领域人才培养情况

近 10 年人才培养情况的数据来源于 2008—2017 年全国高等院校专科、本科、研究生招生和毕业生数据库。对生物技术领域招生和毕业生总体规模、所占比重及年度变化趋势的分析反映了近 10 年来中国生物技术人才培养概况。

一、基本情况

2008—2017 年，全国高等院校生物技术领域专业招生数共 846 万人：专科生 425.2 万人、本科生 354.8 万人、硕士研究生 52.6 万人、博士研究生 13.4 万人；毕业生数共 766.1 万人：专科生 397.4 万人、本科生 309.1 万人、硕士研究生 48.7 万人、博士研究生 10.9 万人。数量和占比如表 3-1 所示。

表 3-1 生物技术领域招生 / 毕业生数量和占比（2008—2017 年）

类别	招生数 / 万人			毕业生数 / 万人		
	全部	生物技术领域	占比	全部	生物技术领域	占比
专科	3272.8	425.2	13.0%	3178.1	397.4	12.5%
本科	3675.5	354.8	9.7%	3092.2	309.1	10.0%
硕士	529.2	52.6	9.9%	423.6	48.7	11.5%
博士	69.6	13.4	19.3%	51.6	10.9	21.1%

二、年度变化

2008—2017 年，生物技术领域专科招生 / 毕业人数绝对值上升，占比亦上升；生物技术领域本科招生 / 毕业人数绝对值上升，占比基本稳定（图 3-1 和图 3-2）。

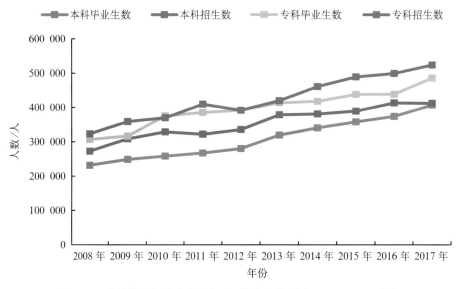

图 3-1 生物技术领域本专科招生 / 毕业生数量（2008—2017 年）

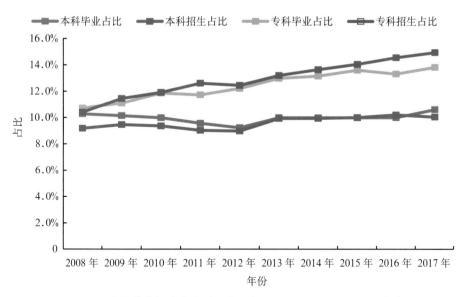

图 3-2　生物技术领域本专科招生 / 毕业生占比（2008—2017 年）

2008—2017 年，生物技术领域硕士研究生招生 / 毕业人数绝对值下降，占比下降。生物技术领域博士研究生招生 / 毕业人数绝对值在 2008—2013 年基本稳定，2014—2017 年轻微上升；占比在 2008—2010 年降低，2011—2017 年基本稳定（图 3-3 和图 3-4）。

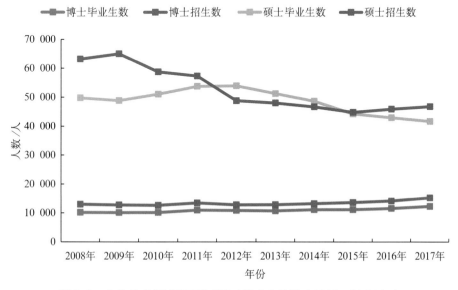

图 3-3　生物技术领域研究生招生 / 毕业生数量（2008—2017 年）

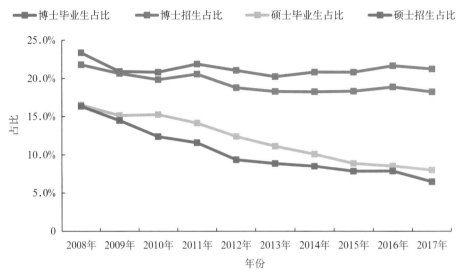

图 3-4　生物技术领域研究生招生／毕业生占比（2008—2017 年）

三、地区分布

2008—2017 年，生物技术领域学生培养数量地区分布如表 3-2 所示。

表 3-2　生物技术领域学生培养数量地区分布

地区	类别	招生人数／万人	毕业人数／万人
北京	专科	2.65	2.59
	本科	5.37	5.38
	硕士	4.42	3.50
	博士	2.77	2.37
天津	专科	4.45	4.34
	本科	5.90	5.09
	硕士	1.64	1.50
	博士	0.34	0.28
河北	专科	25.64	27.04
	本科	18.14	16.38
	硕士	1.56	1.65
	博士	0.16	0.13

地区	类别	招生人数/万人	毕业人数/万人
山西	专科	11.68	11.38
	本科	11.43	9.47
	硕士	0.97	1.00
	博士	0.09	0.07
内蒙古	专科	7.71	7.90
	本科	7.43	6.09
	硕士	0.70	0.70
	博士	0.09	0.07
辽宁	专科	8.42	8.51
	本科	16.86	13.86
	硕士	2.62	2.41
	博士	0.58	0.49
吉林	专科	8.86	7.36
	本科	10.68	9.60
	硕士	1.58	1.53
	博士	0.45	0.38
黑龙江	专科	12.85	12.83
	本科	13.47	12.75
	硕士	2.20	2.30
	博士	0.50	0.42
上海	专科	5.96	5.48
	本科	3.99	4.05
	硕士	2.67	2.14
	博士	1.44	1.19
江苏	专科	16.14	20.07
	本科	20.01	18.82
	硕士	4.92	4.58
	博士	1.08	0.95
浙江	专科	10.19	10.53
	本科	11.49	11.35

续表

地区	类别	招生人数／万人	毕业人数／万人
浙江	硕士	1.81	1.52
	博士	0.57	0.40
安徽	专科	20.44	19.81
	本科	16.61	13.92
	硕士	1.74	1.59
	博士	0.18	0.14
福建	专科	10.07	8.72
	本科	9.37	7.85
	硕士	1.59	1.58
	博士	0.26	0.18
江西	专科	14.24	14.53
	本科	11.45	9.80
	硕士	0.81	0.82
	博士	0.04	0.03
山东	专科	48.79	45.98
	本科	25.41	26.23
	硕士	3.05	2.79
	博士	0.55	0.50
河南	专科	42.77	38.33
	本科	21.78	18.39
	硕士	1.59	1.69
	博士	0.11	0.07
湖北	专科	24.34	23.97
	本科	19.34	17.36
	硕士	3.04	2.40
	博士	1.11	0.86
湖南	专科	24.62	22.98
	本科	17.37	14.50
	硕士	1.08	1.07
	博士	0.26	0.20

地区	类别	招生人数／万人	毕业人数／万人
广东	专科	16.04	12.36
	本科	22.84	20.24
	硕士	3.66	3.32
	博士	1.05	0.88
广西	专科	12.15	9.96
	本科	9.71	7.15
	硕士	1.19	1.08
	博士	0.12	0.09
海南	专科	1.57	1.39
	本科	2.59	2.31
	硕士	0.21	0.21
	博士	0.02	0.01
重庆	专科	8.19	6.76
	本科	6.57	5.71
	硕士	1.44	1.24
	博士	0.27	0.18
四川	专科	16.66	17.45
	本科	18.76	15.39
	硕士	2.24	2.18
	博士	0.50	0.43
贵州	专科	19.27	12.69
	本科	10.75	8.21
	硕士	0.78	0.81
	博士	0.04	0.02
云南	专科	13.59	10.34
	本科	10.43	7.50
	硕士	1.31	1.23
	博士	0.18	0.14
西藏	专科	0.81	0.84
	本科	1.16	0.87
	硕士	0.05	0.03

续表

地区	类别	招生人数／万人	毕业人数／万人
西藏	博士	0.00	0.00
陕西	专科	18.97	17.84
	本科	9.83	7.96
	硕士	1.76	1.68
	博士	0.41	0.28
甘肃	专科	8.87	7.07
	本科	6.68	5.04
	硕士	0.87	0.89
	博士	0.14	0.11
宁夏	专科	1.28	1.17
	本科	1.58	1.38
	硕士	0.31	0.30
	博士	0.01	0.00
青海	专科	1.69	1.56
	本科	1.35	1.04
	硕士	0.10	0.09
	博士	0.02	0.01
新疆	专科	6.30	5.66
	本科	6.42	5.43
	硕士	0.68	0.81
	博士	0.09	0.07

第二节　近3年重点机构生物技术领域人才培养情况

近3年生物技术领域人才培养数据来源于调研所涉及的重点高校和科研院所2015—2017年人才培养情况，其中，生物技术领域专业人才培养的总体规模、所占比重、年度变化趋势、地区分布、机构分布、性别结构、学历结构和学科分布反映了近3年来中国部分重点机构生物技术人才培养情况。

一、基本情况

中国生物技术发展中心于 2018 年 6 月开展了全国生物技术人力资源调研。调研主要采取问卷调查的方式，范围覆盖了全国 31 个省级行政区（未包括香港、澳门、台湾）。调研对象包括部分高等院校、科研院所和医疗机构：高校为含有生物技术相关专业的部分 985、211、"双一流"高校，以及生物技术相关"双一流"学科所在高校；科研院所为中国科学院、中国农业科学院和中国医学科学院所属的科研院所，以及各省市自治区科技厅、局、委员会确定的生物技术相关省部级科研院所；医疗机构为各省市自治区科技厅、局、委员会确定的主要研究型三甲医院。调研内容为 2015—2017 年生物技术相关专业人才培养数量，以及 2017 年度在职人员总量和构成情况（图 3-5）。调研共发放 320 份问卷，最终收回有效问卷 276 份，其中高等院校 73 所、科研院所 103 所、三甲医院 100 所，回收率为 86.3%。人才培养的数据来源于其中 73 所高等院校和 103 所科研院所。

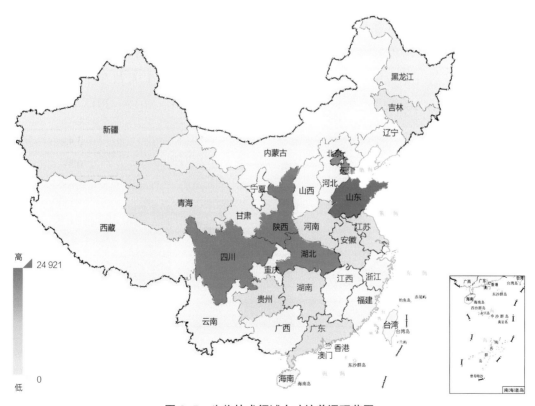

图 3-5 生物技术领域人才培养调研范围

2015—2016学年、2016—2017学年和2017—2018学年入学学生总数147.8万人，其中生物技术领域入学学生数为16.8万人，占总数的11.4%（图3-6）。

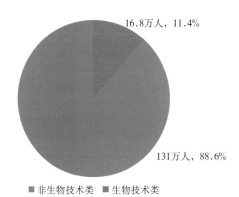

图 3-6　生物技术领域入学人数和占比（2015—2017 年）

二、年度变化

3 年来，生物技术领域学生人数呈显著上升趋势。其中，2015—2016 学年为 53 354 人，2016—2017 学年为 55 285 人，较前一年增长 3.6%；2017—2018 学年为 59 739 人，较前一年又增长 8.1%。并且，生物技术领域学生人数在所有学生总人数中所占百分比也呈上升趋势，2015—2016 学年为 11.1%，2017—2018 学年增长至 11.8%（图 3-7）。

图 3-7　生物技术领域专业学生入学人数年度变化趋势

三、地区分布

学生培养数据来源于29个省级行政单位。其中，生物技术领域学生数量前10位的为山东、天津、北京、上海、湖北、陕西、四川、湖南、江苏和贵州（表3-3）。

表3-3　部分地区生物技术领域专业学生入学人数及占比（2015—2017年）

地区	生物技术领域入学人数／万人	总数／万人	占比
山东	2.5	8.8	28.4%
天津	1.9	4.7	40.4%
北京	1.7	10.8	15.7%
上海	1.6	15.0	10.7%
湖北	1.5	17.4	8.6%
陕西	1.4	14.8	9.5%
四川	1.3	6.2	21.0%
湖南	0.7	3.4	20.6%
江苏	0.6	26.7	2.2%
贵州	0.5	4.1	12.2%

四、机构分布

近3年来生物技术领域学生中15.6万人来自高等院校，占比93%；1.2万人来自科研院所，占比7%（图3-8）。

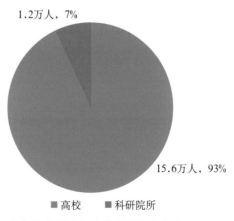

图3-8　生物技术领域专业学生机构分布（2015—2017年）

五、学科分布

近 3 年来生物技术领域学生人数最多的前 10 位学科分别为生物学（50 827 人，30.2%）、中医学与中药学（32 645 人，19.4%）、临床医学（25 591 人，15.2%）、基础医学（11 696 人，6.9%）、药学（10 260 人，6.1%）、食品科学技术（5297 人，3.1%）、预防医学与公共卫生学（5135 人，3.0%）、农学（3055 人，1.8%）、水产学（2419 人，1.4%）和林学（2235 人，1.3%）（图 3-9）。

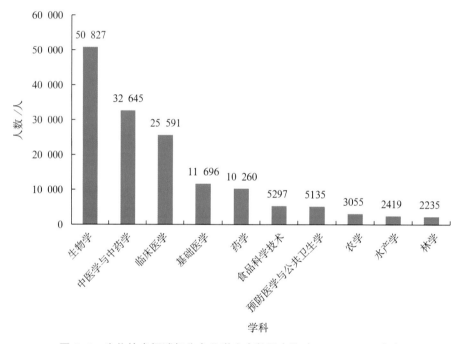

图 3-9　生物技术领域部分专业学生人数及占比（2015—2017 年）

六、性别结构

近 3 年来生物技术领域学生中，男性 6.8 万人，占比 41%；女性 10 万人，占比 59%（图 3-10）。

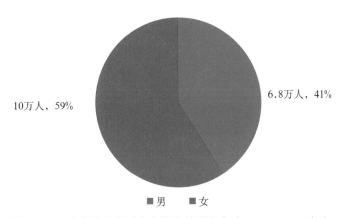

图 3-10　生物技术领域专业学生性别分布（2015—2017 年）

近 3 年来每年入学学生中男性均少于女性，男：女约为 1：1.44，如图 3-11 所示。

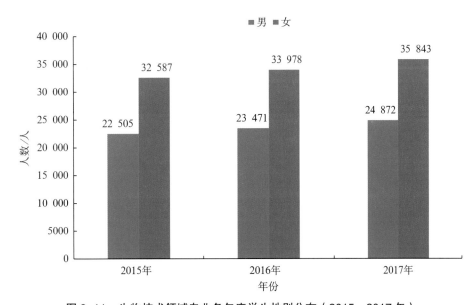

图 3-11　生物技术领域专业各年度学生性别分布（2015—2017 年）

各学科学生中，男女学生数量如图 3-12 所示。

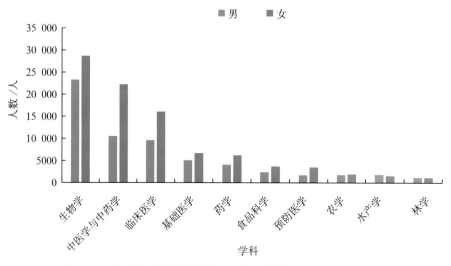

图 3-12　生物技术领域各学科男女学生数量（2015—2017 年）

七、学历结构

近 3 年来生物技术领域学生中，学历结构如下：本科生 97 538 人，占 56%；硕士研究生 57 121 人，占 33%；博士研究生 18 559 人，占 11%（图 3-13）。各类别学生人数均呈上升趋势（图 3-14）。

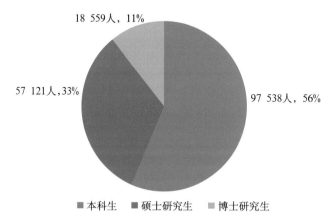

图 3-13　生物技术领域专业学生学历构成（2015—2017 年）

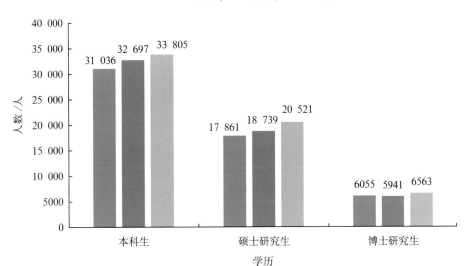

图 3-14　生物技术领域各学历学生入学人数年度变化（2015—2017 年）

第三节　近 10 年生物技术领域学位论文情况

近 10 年生物技术领域学位论文数据来源于万方学位论文数据库。2008—2017 年生物技术领域的硕士、博士和博士后论文的总体规模、所占比重、学科分布情况和年度变化趋势从论文产出角度反映了近 10 年来中国高校生物技术领域人才培养情况。

一、基本情况

2008—2017 年，万方数据库中学位论文总数共 381.9 万篇，其中生物技术领域学位论文共 69.9 万篇，占比 18.3%（图 3-15）。

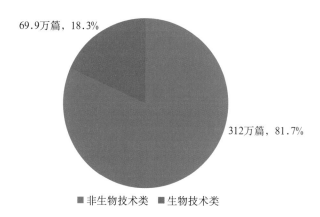

图 3-15　生物技术领域学位论文数量和占比（2008—2017 年）

二、年度变化

2008—2012 年，生物技术领域学位论文数量呈持续上升趋势，从 2008 年的 6.5 万篇，上升到 2012 年的 7.6 万篇。2013—2016 年，生物技术领域学位论文数量较为平稳，如图 3-16 所示。（由于论文收录时间存在滞后，2017 年数据可能与实际存在较大偏差，故未计入。）

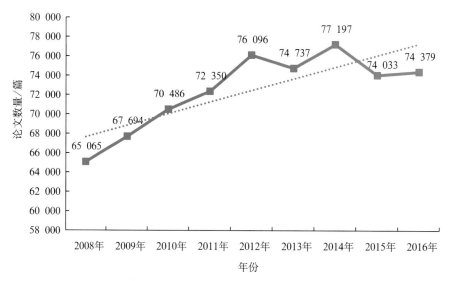

图 3-16　生物技术领域学位论文数量年度变化（2008—2016 年）

从生物技术领域学位论文在所有学位论文的占比来看，2008—2017 年，生物技术领域硕士论文占比保持平稳，在 16.4% ～ 17.9%；而生物技术领域博士论文占比呈上升趋势，从 2008 年的 28.4%，增长到 2017 年的 36.9%（图 3-17）。

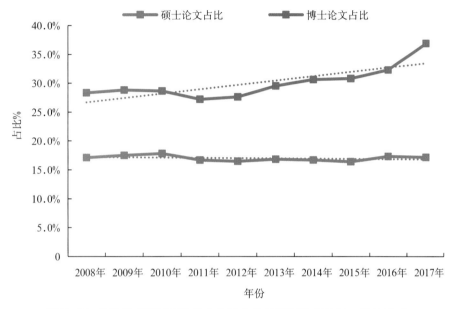

图 3-17　生物技术领域学位论文数量占比年度变化（2008—2017 年）

三、学位分布

在生物技术领域所有学位论文中，硕士论文 58.7 万篇，占比 83.9%；博士及博士后论文 11.2 万篇，占比 16.1%，显著高于全部学科中博士及博士后论文数占比（9.9%）（图 3-18）。

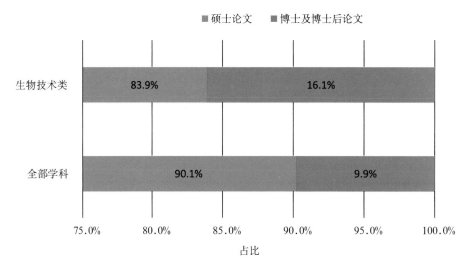

图 3-18 生物技术领域和全部学科中学位论文构成比较（2008—2017 年）

四、学科分布

生物技术领域论文数量排名前 5 位的学科分别为：临床医学 27.3 万篇、生物学 7.9 万篇、中医学与中药学 7.1 万篇、农学 5.6 万篇、药学 4.1 万篇，共占总数的 74.4%（图 3-19）。

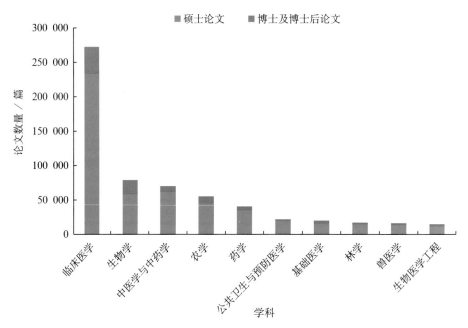

图 3-19 生物技术领域学位论文数量最多的前 10 位学科（2008—2017 年）

生物技术领域学位论文中，博士及博士后论文占比最高的前5位学科分别为生物学（25.8%）、基础医学（19.7%）、生物医学工程（18.8%）、农学（18.5%）和临床医学（14.3%）（图3-20）。

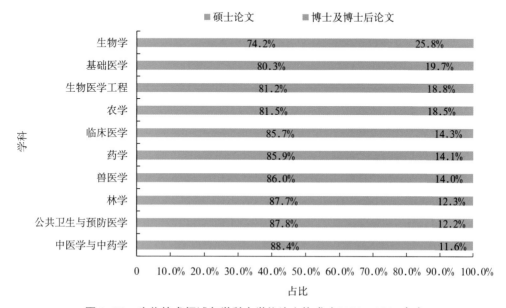

图3-20　生物技术领域各学科中学位论文构成（2008—2017年）

第四章　生物技术人才在职现状

在职人才是生物技术人才的主力军，也是发挥人才主体作用、支撑和引领生物技术发展的中坚力量。对生物技术领域在职人才现状的分析来源于生物技术专业相关机构、平台和数据库信息中在职人才的数量、分布和构成，主要包括以下 3 个方面：一是含有生物技术相关专业的部分高等院校、国家级和省部级科研院所，以及主要研究型医疗机构在职人员情况；二是国家级基地平台在职人员情况，如国家级高新技术产业开发区、国家临床医学研究中心和国家重点实验室等；三是国家科技计划管理系统专家库中生物技术领域的专家信息。

对以上信息的分析结果反映出中国生物技术领域在职人才有以下几个特点：一是生物技术领域在职人才呈现明显的高学历特点，尤其是高等院校和科研院所中，硕士及以上学历者占比高达 83.3% 和 76.1%，与生物技术领域高学历人才培养数量持续增加相一致；二是生物技术领域青年人才是在职人才的生力军，在各类机构中，40 岁及以下的青年人才数量均超过 50%，形成了良好的人才发展梯队；三是生物技术产业呈现重视研发的态势，在国家级高新技术产业发区中，生物技术领域研发人才占比为 23%，不低于世界主要发达国家的生物产业研发人员占比；四是国家级基地平台聚集了大量高精尖人才，国家临床医学研究中心、国家重点实验室等基地平台中，在职人才呈现高职称的特点，高级职称者占比可高达 69%。

第一节　主要高校、科研院所和医疗机构在职人才情况

主要高校、科研院所和医疗机构在职人才数据来源于调研所涉及的机构。其中，生物技术领域在职人才的总体规模、所占比重、地区分布、机构分布、性别结构、学历结构和职称结构反映了中国部分重点机构生物技术在职人才现状。

一、基本情况

在职人才的数据来源于前文所记述的全国生物技术人力资源调研（见第二章第二节）所涉及的 276 家机构，包括 73 所高等院校、103 所科研院所和 100 家三甲医院。276 家机构在职人员总数为 220 万人，其中生物技术领域在职人员 29 万人，占比 13%（图 4-1）。

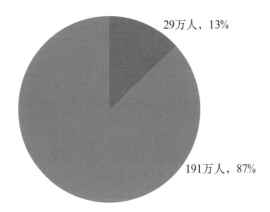

图 4-1　生物技术领域在职人力资源数量和占比

二、地区分布

调研数据来自于 30 个地区，其中生物技术领域在职人员数量居前 10 位的为山东、湖北、浙江、北京、江西、河南、天津、安徽、辽宁和广西（图 4-2）。

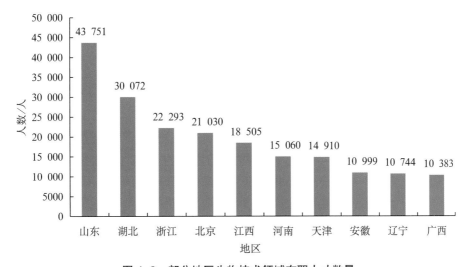

图 4-2　部分地区生物技术领域在职人才数量

三、机构分布

在职人员中，医院24.9万人，占比86%；高校2.3万人，占比8%；科研院所1.8万人，占比6%（图4-3）。

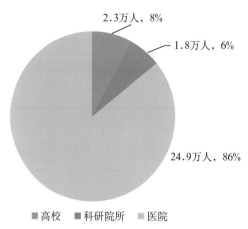

图4-3 生物技术领域在职人才所在机构分布

四、性别结构

获取到性别数据的28.6万在职人员中，男性8.9万人，占比31%；女性19.7万人，占比69%（图4-4）。

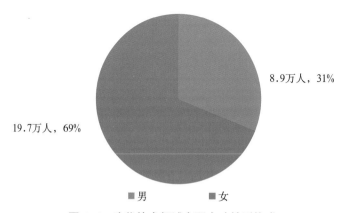

图4-4 生物技术领域在职人才性别构成

不同机构在职人员的性别构成如图4-5所示。其中，科研院所中男性占比最高，为 54.8%；医院中男性占比最低，为 27.8%。

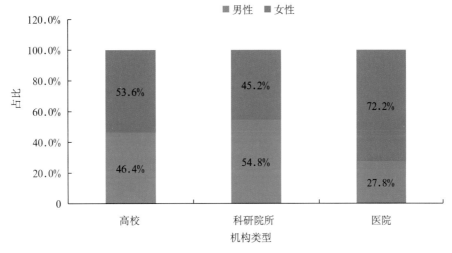

图 4-5　不同机构生物技术领域在职人才性别构成

五、年龄结构

　　获取到年龄数据的 284 092 名在职人员中，30 岁及以下的 100 875 人，占比 36%；31 ～ 40 岁的 100 456 人，占比 35%；41 ～ 50 岁的 52 400 人，占比 18%；50 岁以上的 30 361 人，占 11%。由此来看，40 岁及以下的青年人才占比达 71%（图 4-6）。

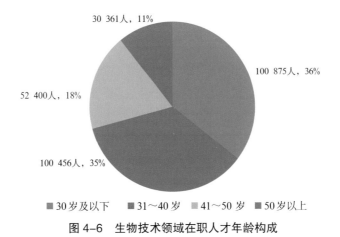

图 4-6　生物技术领域在职人才年龄构成

不同机构在职人员的年龄构成如图 4-7 所示，可见 3 种类型的机构中，40 岁及以下的青年人员人数占比均超过 50%。其中，高校为 54.8%，科研院所为 62.3%，医院为 73%。

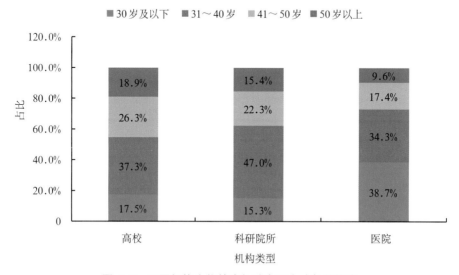

图 4-7　不同机构生物技术领域在职人才年龄构成

六、学历结构

获取到学历数据的 205 833 名在职人员中，本科学历 109 770 人，占比 53%；硕士学历 58 910 人，占比 29%；博士学历 37 153 人，占比 18%（图 4-8）。

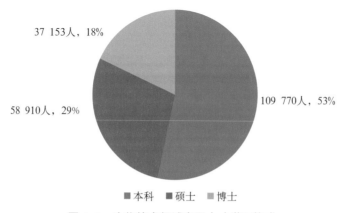

图 4-8　生物技术领域在职人才学历构成

不同机构在职人员的学历构成如图 4-9 所示。其中，高校在职人员中博士学历占比为 56.7%，科研院所在职人员中博士学历占比为 42.0%，医院在职人员中博士学历占比为 11.1%。高校和科研院所在职人员中硕士及以上学历占比分别为 83.3% 和 76.2%，呈现显著的高学历构成特点。

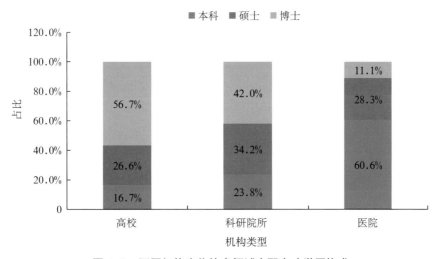

图 4-9　不同机构生物技术领域在职人才学历构成

七、职称结构

高等院校获取到职称数据的 11 580 名在职人员中，教授 3739 人，占比 32%；副教授 4046 人，占比 35%；讲师 3363 人，占比 29%；助教 432 人，占比 4%。

科研院所获取到职称数据的 16 792 名在职人员中，研究员 3586 人，占比 22%；副研究员 4711 人；占比 28%，助理研究员 6770 人，占比 40%；研究实习员 1725 人，占比 10%。

三甲医院获取到职称数据的 216 601 名在职人员中，高级职称 15 622 人，占比 7%；副高级职称 26 380 人，占比 12%；中级职称 66 326 人，占比 31%；初级职称 108 273 人，占比 50%（表 4-1）。

表 4-1　不同机构生物技术领域在职人才职称构成

机构类别	职称结构			
高等院校	教授	副教授	讲师	助教
	3739（32%）	4046（35%）	3363（29%）	432（4%）
科研院所	研究员	副研究员	助理研究员	研究实习员
	3586（22%）	4711（28%）	6770（40%）	1725（10%）
医院	高级	副高级	中级	初级
	15 622（7%）	26 380（12%）	66 326（31%）	108 273（50%）

八、高层次人才

276 家机构中，国家级人才计划获得者共 2446 人，包括两院院士 153 人，"万人计划" 221 人，"百人计划" 621 人，"长江学者" 229 人，创新团队负责人 71 人，教学名师 39 人，"百千万人才工程" 309 人，"创新人才计划" 116 人，"杰青优青" 687 人（图 4-10）。

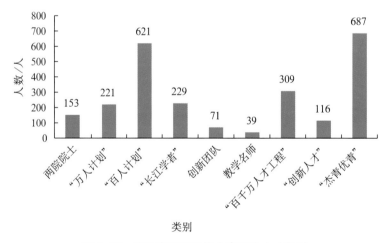

图 4-10　276 家调研机构中高层次人才数量

第二节　国家级高新技术产业开发区人才队伍

国家级高新技术产业开发区（简称"国家级高新区"）是中国在一些知识与技

术密集的大中城市和沿海地区建立的发展高新技术的产业开发区。国家级高新区以智力密集和开放环境条件为依托，主要依靠国内的科技和经济实力，充分吸收和借鉴国外先进科技资源、资金和管理手段，通过实施高新技术产业的优惠政策和各项改革措施，实现软硬环境的局部优化，最大限度地把科技成果转化为现实生产力。1988年，国务院批准建立国家级高新技术产业开发区，截至2017年年底共建立了157家（含苏州工业园区）。中国生物技术发展中心于2016年对生物技术领域相关的106家国家级高新区进行了调研，其在职人员的数量和构成反映了高新区生物技术企业人才队伍现状。

一、基本情况

106家国家级高新技术产业开发区从业人员总数为5995万人，其中生物技术领域从业人员97.7万人，占比为1.6%（图4-11）。

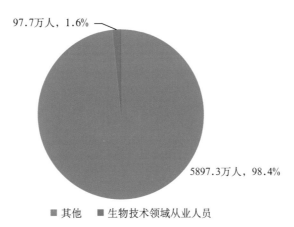

图 4-11　国家级高新技术产业开发区生物技术从业人数和占比

二、人员结构

在生物技术领域从业人员中，从事研发的人员为22.2万人，占比23%（图4-12）；拥有硕士及以上学历的人员为12.9万人，占比13%（图4-13）；海外归国人员2.6万人，占比3%（图4-14）。

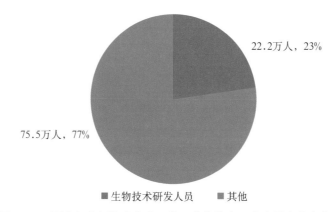

22.2万人，23%

75.5万人，77%

■ 生物技术研发人员　■ 其他

图 4-12　国家级高新技术产业开发区生物技术研发人员人数和占比

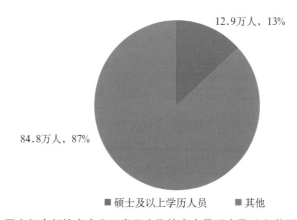

12.9万人，13%

84.8万人，87%

■ 硕士及以上学历人员　　■ 其他

图 4-13　国家级高新技术产业开发区生物技术人员硕士及以上学历人数和占比

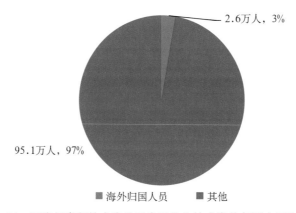

2.6万人，3%

95.1万人，97%

■ 海外归国人员　■ 其他

图 4-14　国家级高新技术产业开发区生物技术海外归国人员和占比

三、地区分布情况

106家国家级高新区分布在全国28个省级行政单位，其中，生物技术领域从业人数最多的地区前10位为北京、山东、江苏、吉林、广东、湖北、河北、浙江、上海、四川，其生物技术从业人员数量、硕士及以上学历人员占比、研发人员占比、海归人员占比如表4-2所示。

表4-2 部分地区高新区生物技术人员数量和结构

地区	生物技术领域从业人员/万人	硕士及以上学历人员占比	研发人员占比	海归人员占比
北京	15.7	11.3%	23.3%	0.5%
山东	12.8	10.2%	17.6%	0.9%
江苏	10.7	18.1%	20.7%	4.2%
吉林	9.3	1.9%	4.8%	0.1%
广东	7.2	6.2%	15.1%	0.5%
湖北	6.9	32.5%	31.8%	10.0%
河北	4.0	11.9%	9.5%	0.9%
浙江	3.8	11.0%	11.3%	0.9%
上海	3.7	56.4%	70.3%	23.5%
四川	3.4	9.4%	71.5%	3.0%

第三节　国家临床医学研究中心人才队伍

设立国家临床医学研究中心旨在进一步加强中国医学科学创新体系建设，打造一批临床医学与转化研究的高地。自2012年以来，科技部会同国家卫生健康委员会、中央军委后勤保障部、原国家食品药品监管总局部门共同开展了国家临床医学研究中心的建设工作。截至2017年年底，已分三批在心血管疾病、神经系统疾病、慢性肾病、恶性肿瘤、呼吸系统疾病、代谢性疾病、精神心理疾病、妇产疾病、消化系统疾病、老年疾病、口腔疾病11个疾病领域建设了32个国家临床医学研究中心。全部32家国家临床医学研究中心在职人员的数量和构成反映了生物技术领域中

主要从事临床医学研究的人才现状。

一、基本情况

32 个国家临床医学研究中心依托 29 家三甲医院进行建设，其中中国人民解放军总医院、北京医院和中南大学湘雅二医院为两个疾病领域国家临床医学研究中心的依托单位（表 4-3）。

表 4-3　国家临床医学研究中心名单

疾病名称	中心及依托单位	数量
心血管疾病	中国医学科学院阜外医院	2
	首都医科大学附属北京安贞医院	
神经系统疾病	首都医科大学附属北京天坛医院	1
慢性肾病	南京总医院	3
	中国人民解放军总医院	
	南方医科大学南方医院	
恶性肿瘤	中国医学科学院肿瘤医院	2
	天津医科大学肿瘤医院	
呼吸系统疾病	广州医科大学附属第一医院	3
	北京医院	
	首都医院大学附属北京儿童医院	
代谢性疾病	中南大学湘雅二医院	2
	上海交通大学医学院附属瑞金医院	
精神心理疾病	北京大学第六医院	3
	中南大学湘雅二医院	
	首都医科大学附属北京安定医院	
妇产疾病	中国医学科学院北京协和医院	3
	华中科技大学同济医学院附属同济医院	
	北京大学第三医院	
消化系统疾病	第四军医大学西京医院	3
	首都医科大学附属北京友谊医院	
	第二军医大学长海医院	

续表

疾病名称	中心及依托单位	数量
口腔疾病	上海交通大学医学院附属第九人民医院	4
	四川大学华西口腔医院	
	北京大学口腔医院	
	第四军医大学口腔医学院	
老年疾病	中国人民解放军总医院	6
	中南大学湘雅医院	
	四川大学华西医院	
	北京医院	
	复旦大学附属华山医院	
	首都医科大学宣武医院	

二、人才总量

截至 2017 年年底，国家临床医学研究中心人员总数为 19 317 人，其中固定工作人员 11 560 人（院士 28 人），流动工作人员 2728 人，近 3 年来共培养学生 5029 人（表 4-4）。

表 4-4 国家临床医学研究中心 2017 年人力资源总量及结构

2017 年人才队伍			
固定工作人员	11 560 人	院士	28 人
流动工作人员	2728 人		
培养学生（3 年）	5029 人	硕士	2900 人
		博士	2129 人

三、地区分布

国家临床医学研究中心在职人员（以下在职人员分析指固定工作人员）分布在 9 个省级行政区域，其中前 5 位为北京（8664 人，74.9%）、上海（1027 人，8.9%）、天津（783 人，6.8%）、陕西（328 人，2.8%）、湖南（312 人，2.7%），占总人数的 96.1%（表 4-5）。

表 4-5　国家临床医学研究中心在职人员数量地区分布

地区	人数 / 人	占比
北京	8664	74.9%
上海	1027	8.9%
天津	783	6.8%
陕西	328	2.8%
湖南	312	2.7%
四川	167	1.4%
江苏	128	1.1%
湖北	90	0.8%
广东	61	0.5%

四、类别分布

取得数据的 10 430 名在职人员中，研究人员 5576 人，占比 53.4%；技术人员 4122 人，占比 39.5%；管理人员 732 人，占比 7.1%（图 4-15）。

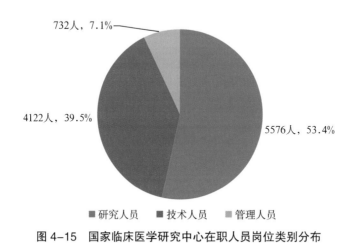

图 4-15　国家临床医学研究中心在职人员岗位类别分布

五、疾病领域

国家临床医学研究中心覆盖了 11 个疾病领域。在职人员数量前 5 位分别为老年疾病（3520 人）、恶性肿瘤（2279 人）、口腔疾病（1984 人）、呼吸系统疾病（1403 人）

和心血管系统疾病（756 人）领域，共占总人数的 86%（表 4-6）。

表 4-6　国家临床医学研究中心在职人员疾病领域分布

疾病领域	人数 / 人	占比
老年疾病	3520	30.4%
恶性肿瘤	2279	19.7%
口腔疾病	1984	17.2%
呼吸系统疾病	1403	12.1%
心血管疾病	756	6.5%
妇产疾病	467	4.0%
消化系统疾病	453	3.9%
精神心理疾病	286	2.5%
慢性肾病	255	2.2%
代谢性疾病	105	0.9%
神经系统疾病	52	0.4%

六、学科分布

取得数据的 8305 名在职人员的学科分布如下：临床医学 6309 人，占比 76%；基础医学 798 人，占比 9.6%；信息学 76 人，占比 0.9%；生物学 152 人，占比 1.8%；药学 146 人，占比 1.8%；统计学 121 人，占比 1.5%；其他 703 人，占比 8.5%（表 4-7）。

表 4-7　国家临床医学研究中心在职人员学科分布

学科	人数 / 人	占比
临床医学	6309	76.0%
基础医学	798	9.6%
信息学	76	0.9%
生物学	152	1.8%
药学	146	1.8%
统计学	121	1.5%
其他	703	8.5%

七、学历结构

11 560 名在职人员中，本科及以下学历 5168 人，占比 44.7%；硕士学历 2298 人，占比 19.9%；博士学历 4094 人，占比 35.4%（图 4-16）。

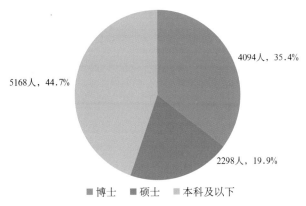

图 4-16　国家临床医学研究中心在职人员学历分布

八、职称结构

取得数据的 10 490 名在职人员中，正高级职称 1495 人，占比 14.2%；副高级职称 1671 人，占比 15.9%；中级职称 3952 人，占比 37.6%；初级职称 3372 人，占比 32.3%（图 4-17）。

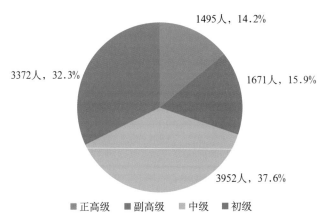

图 4-17　国家临床医学研究中心在职人员职称分布

九、学生培养

3 年来，32 个国家临床医学研究中心在读研究生呈持续增长态势。2017 年，在读研究生总数为 1785 人，其中硕士生 1043 人，博士生 742 人，较前一年分别增长 6.86% 和 2.63%（图 4-18）。

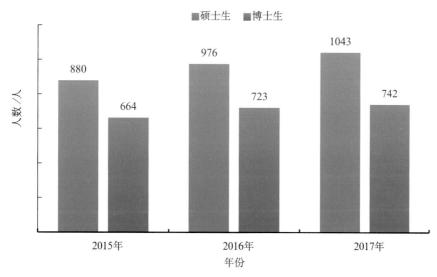

图 4-18 国家临床医学研究中心人才培养情况

十、获奖情况

2017 年，32 个国家临床医学研究中心共获得国家级个人荣誉 221 项，团队荣誉 63 项；中心工作人员在学术委员会或专业委员会等学术团体和期刊担任主任委员、副主任委员或常委，其中国际职务 417 人次，国内职务 2852 人次。

第四节 国家重点实验室人才队伍

为加快中国社会主义现代化建设，围绕国家发展战略目标，面向国际竞争，增强科技储备和原始创新能力，原国家计划委员会在 1984 年启动了国家重点实验室建设计划，主要任务是在教育部、中科院等部门的有关大学和研究所中，依托原有基础建设一批国家重点实验室。经过了 34 年的建设和发展，截至 2015 年年底，中国共有 255 个国家重点实验室，分布在 8 个学科领域，包括：生物科学领域 44 个，地球科学领域 44 个，工程科学领域 43 个，信息科学领域 32 个，医学科学领域 31 个，化学科学领域 25 个，材料科学领域 21 个，数理科学领域 15 个。其中，生物科学领域和医学科学领域共 75 个国家重点实验室，占总数的 29.4%。2016 年，经科技部中国生物技术发展中心和中国科协生命科学学会联合体评估后，生物科学领域和医学科学领域共计 74 个国家重点实验室。这 74 个国家重点实验室在职人才反映了生物技术领域中主要从事生物和医学研究的人才现状。

一、基本情况

生物技术领域 74 个国家重点实验室在职人员总数 6189 人，其中研究人员 5184 人，占比 84%；技术人员 786 人，占比 13%；管理人员 219 人，占比 3%（图 4-19）。

图 4-19　国家重点实验室在职人员岗位类型分布

二、职称结构

生物技术领域 74 个国家重点实验室在职人员中，高级职称 3008 人，占比 49%；副高级职称 1274 人，占比 20%；中级职称 1518 人，占比 24%；初级职称 102 人，占比 2%；其他人员 287 人，占比 5%（表 4-8）。

表 4-8　国家重点实验室在职人员职称分布

职称	总人数 / 人	占比	类别	各类别人数 / 人
高级	3008	49%	教授	1245
			研究员	991
			高级	462
			高级工程师	104
			高级实验师	94
			主任医师	70
			院士	33
			主任技师	7
			主任药师	1
			高级农艺师	1
副高级	1274	20%	副研究员	650
			副教授	288
			副高级	286
			副主任技师	27
			副主任医师	21
			副主任教授	1
			副主任药师	1
中级	1518	24%	助理研究员	837
			中级	206
			实验师	126
			工程师	120
			助理实验师	71
			讲师	71
			主管技师	43
			助理工程师	28
			助理技师	8
			主治医师	5
			助理会计师	1
			助理教授	1
			主管护师	1
初级	102	2%	研究实习员	67
			初级	35

职称	总人数 / 人	占比	类别	各类别人数 / 人
其他	287	5%	技师	21
			实验员	8
			医师	5
			其他	253

第五节　国家科技专家库

国家科技专家库自 2015 年建立，目的在于深化科技管理改革，完善专家遴选制度，提高决策的科学化和民主化水平。专家库集成科技、产业和经济高层次人才，服务于国家科技管理，是国家科技管理信息系统的重要组成部分。国家科技专家库中的专家主要是从事科技研发、科技创新政策研究或项目管理，或在主要国际学术组织中任中高级职务、具有较高专业水平的专家，具有副高级及以上职称，或作为负责人承担过中央财政支持的国家科技计划项目（课题），或是国家科技奖励获得者。国家科技专家库中生物技术领域专家的数量、分布和构成反映了生物技术领域中从事研发、创新和管理的人才现状。

一、基本情况

国家科技专家库总人数为 9.7 万人，其中生物技术领域专家共 28 022 人，占比 28.9%。

二、学科分布

从学科来看，生物技术领域专家分布跨 14 个一级学科，67 个二级学科（表 4-9）。

表 4-9　国家科技专家库专家学科分布

一级学科	总人数／人	占比	二级学科	人数／人
畜牧兽医科学	712	2.5%	兽医	712
海洋科学	91	0.3%	海洋生物学	91
基础医学	1706	6.1%	病理学	567
			药理学	517
			医学微生物学	353
			解剖与组胚学	215
			放射医学	54
军事医学与特种医学	118	0.4%	特种医学	64
			军事医学	54
林学	517	1.8%	林学	517
临床医学	7983	28.5%	外科学	1819
			内科学	1792
			医学诊断学	754
			肿瘤学	686
			口腔医学	537
			妇产科学	382
			儿科学	330
			神经病学	300
			保健医学	231
			理疗学	217
			眼科学	204
			护理学	185
			精神病学	151
			皮肤病学	148
			耳鼻喉科学	143
			急诊医学	104
农学	4249	15.2%	农艺学	1252
			作物栽培学与耕作学	675
			蔬菜学	519
			果树学	505
			农业资源利用学	403

续表

一级学科	总人数/人	占比	二级学科	人数/人
农学	4249	15.2%	农业昆虫与害虫防治	375
			农产品加工及贮藏工程	327
			农药学	193
生物学	6137	21.9%	植物学	1169
			动物学	954
			生物化学与分子生物学	948
			微生物学	629
生物学	6137	21.9%	生态学	479
			遗传学	364
			免疫学	352
			细胞生物学	333
			生物化工	203
			神经生物学	156
			生物物理学	140
			发育生物学	128
			水生生物学	123
			生理学	99
			古生物学	60
食品科学技术	542	1.9%	食品科学	542
水产学	672	2.4%	水产学	672
药学	1026	3.7%	微生物学药学	137
			药物化学	329
			药剂学	303
			药物分析学	169
			生药学	88
预防医学与公共卫生学	1078	3.8%	流行病学	471
			劳动卫生学	227
			营养与食品卫生学	172
			毒理学	106
			社会医学与卫生事业管理学	102

续表

一级学科	总人数/人	占比	二级学科	人数/人
中医学与中药学	2293	8.2%	中医学	1010
			中药学	759
			中西医结合医学	502
			中医其他学科	22
自然科学相关工程与技术	898	3.2%	生物医学工程	556
			生物工程	342

专家数量排名前 5 位的一级学科为临床医学（7983 人）、生物学（6137 人）、农学（4249 人）、中医中药（2293 人）和基础医学（1706 人），占总人数的 79.8%（图 4-20）。

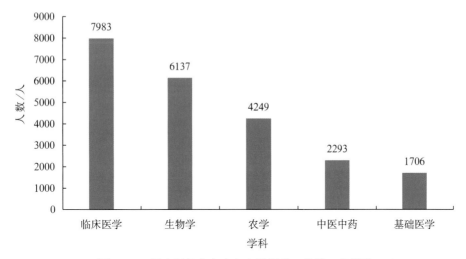

图 4-20　国家科技专家库专家数量前 5 位的一级学科

专家数量排名前 5 位的二级学科为外科学（1819 人）、内科学（1792 人）、农艺学（1252 人）、植物学（1169 人）和中医学（1010 人），占总人数的 25.1%（图 4-21）。

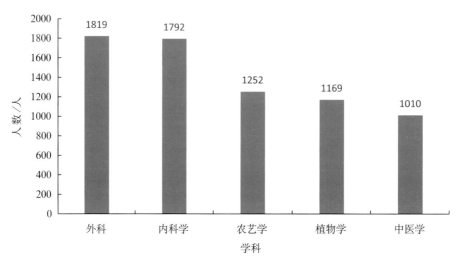

图 4-21　国家科技专家库专家数量前 5 位的二级学科

第五章 高层次生物技术人才

高层次人才在人才队伍中具有引领作用。根据《中央人才工作协调小组关于实施海外高层次人才引进计划的意见》，高层次人才是指"能够突破关键技术、发展高新产业、带动新兴学科的战略科学家和科技领军人才"。高层次生物技术人才是推动生物技术科技创新、产出突破性成果的决定性力量，对生物技术发展具有关键性作用。对高层次生物技术人才现状的分析来源于以下两个方面：一是中国科学院和中国工程院生物技术领域两院院士的情况；二是部分国家级人才计划和人才项目，如教育部"长江学者奖励计划"、科技部"创新人才推进计划"，以及国家重点研发计划项目中生物技术领域入选者、研发项目负责人的情况。

对以上信息的分析反映出中国高层次生物技术人才现状呈现以下几个特点：一是生物技术领域院士入选平均年龄呈逐年下降趋势，高层次人才显示出年轻化趋势；二是各地生物技术领域高层次人才发展不均衡，华东和华北地区（特别是北京和上海）占比高达 70%；三是女性作用有待加强，在生物技术领域各类高层次人才中，女性占比相对较少，特别是处于"金字塔"顶端的两院院士中，女性占比较低；四是高层次人才中存在科研行政化趋势，在生物技术领域高层次人才中，担任各种行政职务的学者占据了 70% 以上。

第一节 中国科学院院士

中国科学院院士是中华人民共和国设立的科学技术方面的最高学术称号，是中国大陆最优秀的科学精英和学术权威群体。自 1949 年成立以来，中国科学院服务国家战略需求和经济社会发展，始终围绕现代化建设需要开展科学研究，产生了许多开创性科技成果，奠定了新中国的主要学科基础，自主发展了一系列战略高技术领域，形成了具有中国特色的科研体系，带动和支持了中国工业技术体系、国防科技体系和区域创新体系建设。中国科学院生命科学和医学学部院士的分析反映了中国

生物技术领域各学科最具有领导力、最具有学术权威的精英人才的现状。

一、基本情况

截至 2017 年年底，中国科学院院士共 795 人，包括数学物理学部 153 人，化学部 127 人，生命科学和医学学部 150 人，地学部 131 人，信息技术科学部 94 人，技术科学部 140 人。其中，生命科学和医学学部占全部院士的 18.9%。

二、时间分布

作为中国自然科学领域最高学术机构，中国科学院院士采取严格的准入制度，每两年入选一次。从 1980 年至今，特别是 1993 年以来，生命科学和医学学部每两年入选人数基本上维持在 10 人左右（图 5-1）。

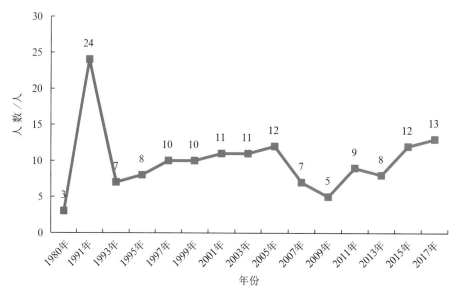

图 5-1　中国科学院院士按年份入选人数（生命科学和医学学部）

三、地区分布

795 名中国科学院院士所在单位分布在全国 26 个省级行政单位，其中北京市 386 人、上海市 96 人、江苏省 41 人、湖北省 24 人、陕西省 20 人、辽宁省 19 人、广东省 17 人，占全体院士的 75.8%（图 5-2）。

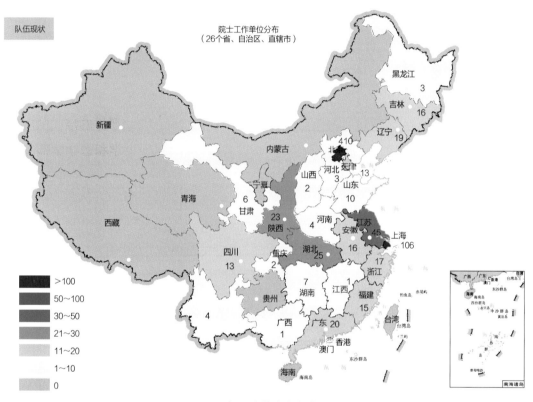

图 5-2　中国科学院院士地区分布

150 名生命科学和医学学部院士所在单位分布在 18 个省级行政单位，其中北京市 72 人、上海市 36 人、湖北省 8 人、香港特别行政区 6 人、广东省 5 人、福建省 4 人、云南省 4 人、浙江省 3 人、河北省 2 人和山东省 2 人，占生命科学和医学学部院士的 94.6%；生命科学和医学学部院士地域分布与整体科学院院士地域分布趋势一致，北京和上海占据了近 70%（表 5-1 和图 5-3）。

表 5-1　中国科学院院士地区分布（生命科学和医学学部）

地区	人数/人	占比
北京	72	48.0%
上海	36	24.0%
湖北	8	5.3%
香港	6	4.0%
广东	5	3.3%
福建	4	2.7%
云南	4	2.7%
浙江	3	2.0%
河北	2	1.3%
山东	2	1.3%
陕西	1	0.7%
安徽	1	0.7%
黑龙江	1	0.7%
四川	1	0.7%
重庆	1	0.7%
天津	1	0.7%
江苏	1	0.7%
江西	1	0.7%

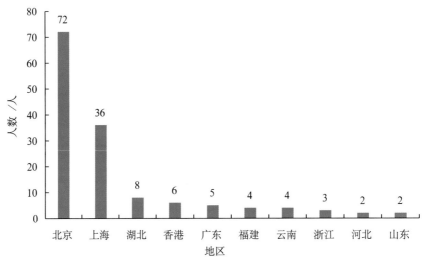

图 5-3　中国科学院院士人数前 10 位地区（生命科学和医学学部）

四、机构分布

150 名生命科学和医学学部院士分布在 72 个机构，人数排名前 4 位的为中国科学院上海生命科学研究院（19 人）、北京大学（9 人）、中国科学院生物物理研究所（8 人）和清华大学（7 人），占总人数的 28.7%（图 5-4）。

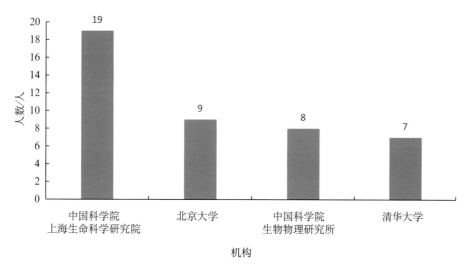

图 5-4　中国科学院院士机构分布（生命科学和医学学部）

五、学科分布

150 名生命科学和医学学部院士专业领域分布在 11 个一级学科和 40 个二级学科，其中人数排名前 4 位的一级学科为生物学（101 人）、临床医学（19 人）、基础医学（13 人）和农学（8 人），占总人数的 94%；人数排名前 4 位的二级学科为植物学（20 人）、分子生物学（16 人）、生物化学（10 人）和细胞生物学（9 人），占总人数的 36.6%（表 5-2）。

表 5-2　中国科学院院士学科分布（生命科学和医学学部）

一级学科	人数 / 人	占比	二级学科	人数 / 人
畜牧、兽医科学	1	0.7%	畜牧学	1
基础医学	13	8.7%	病理学	6
			解剖学	1

续表

一级学科	人数/人	占比	二级学科	人数/人
基础医学	13	8.7%	人体寄生虫学	1
			药理学	2
			医学分子生物学	1
			医学微生物学	1
			医学遗传学	1
林学	2	1.3%	森林经理学	1
			森林生态学	1
临床医学	19	12.6%	耳鼻咽喉科学	1
			精神病学	1
			内科学	6
			外科学	7
			肿瘤学	4
农学	8	5.3%	农学	1
			农学其他学科	1
			农艺学	3
			土壤学	3
生物学	101	67.3%	病毒学	4
			动物学	5
			发育生物学	5
			分子生物学	16
			昆虫学	3
			神经生物学	8
			生理学	1
			生态学	3
			生物化学	10
			生物物理	1
			生物物理学	3
			微生物学	8
			细胞生物学	9
			遗传学	4
			植物学	20
			专题生物学研究	1

续表

一级学科	人数/人	占比	二级学科	人数/人
水产学	1	0.7%	水产学基础科学	1
心理学	1	0.7%	实验心理学	1
药学	1	0.7%	药学	1
中医学与中药学	2	1.3%	中西医结合医学	2
自然科学相关工程与技术	1	0.7%	生物工程	1

六、性别结构

795 名中国科学院院士中，男性 747 人，占比 94%；女性 48 人，占比 6%（图 5-5）。

150 名生命科学和医学学部院士中，男性 132 人，占比 88%；女性 18 人，占比 12%。与中科院所有院士对比发现，生物技术领域女性院士占比较高，是平均水平的 2 倍，表明生物技术领域女性取得的成绩更为突出（图 5-6）。

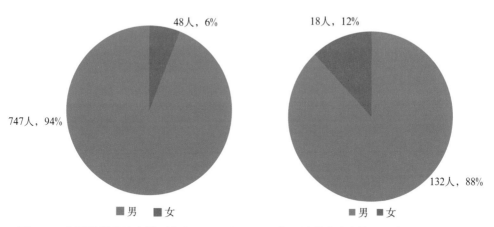

图 5-5　中国科学院院士性别分布　　图 5-6　中国科学院院士性别分布（生命科学和医学学部）

七、年龄结构

795 名中国科学院院士平均年龄 73 岁，其中 80 岁以上 318 人，占比 40%；60 岁以下 198 人，占比 25%；60 ～ 79 岁 279 人，占比 35%（图 5-7）。

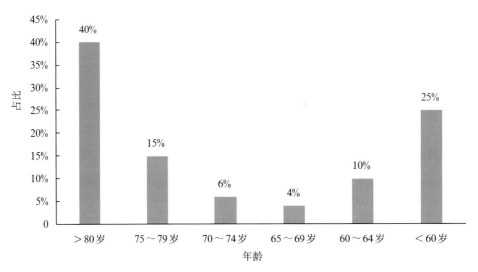

图 5-7　中国科学院院士年龄分布

150 名生命科学和医学学部院士当前平均年龄 72.1 岁，中位数 73 岁：41 ~ 50 岁 4 人，占比 2.7%；51 ~ 60 岁 40 人，占比 26.7%；61 ~ 70 岁 27 人，占比 18.0%；71 ~ 80 岁 23 人，占比 15.3%；81 ~ 90 岁 41 人，占比 27.3%；90 岁以上 15 人，占比 10.0%。生命科学和医学学部院士年龄分布与整体科学院院士年龄分布趋势相一致（图 5-8）。

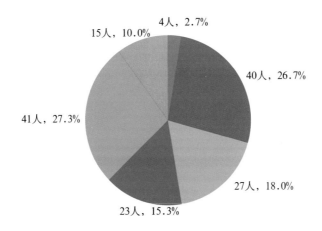

■ 41 ~ 50 岁　■ 51 ~ 60 岁　■ 61 ~ 70 岁　■ 71 ~ 80 岁　■ 81 ~ 90 岁　■ 90 岁以上

图 5-8　中国科学院院士年龄分布（生命科学和医学学部）

八、入选年龄

对中科院官网获取的 729 名院士入选时年龄分析显示，当选院士时的平均年龄为 57 岁：40 岁及以下为 9 人，占 1.2%；41～50 岁为 132 人，占 18.1%；51～60 岁为 316 人，占 43.3%；61～70 岁为 242 人，占 33.2%；70 岁以上为 30 人，占 4.1%（图 5-9）。

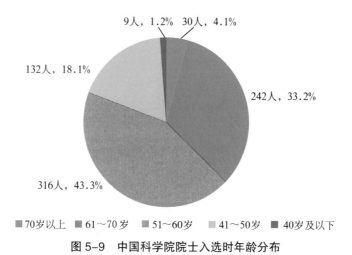

图 5-9　中国科学院院士入选时年龄分布

对中科院官网获取的 729 名院士入选时年龄分析显示，2000 年以前入选平均年龄为 59 岁，2000—2010 年入选平均年龄为 58 岁；2010 年以后入选平均年龄为 54 岁；入选时年龄呈下降趋势（图 5-10）。

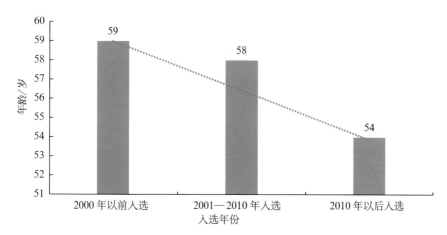

图 5-10　中国科学院院士入选时平均年龄变化趋势

150 名生命科学和医学学部院士入选时的平均年龄为 57 岁，中位年龄为 57 岁：40 岁及以下为 2 人，占 1.3%；41 ~ 50 岁为 35 人，占 23.3%；51 ~ 60 岁为 58 人，占 38.7%；61 ~ 70 岁为 49 人，占 32.7%；70 岁以上为 6 人，占 4.0%。入选时的年龄分布与整体科学院院士入选时年龄分布相一致（图 5-11）。

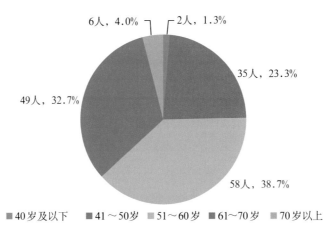

图 5-11　中国科学院院士入选时年龄（生命科学和医学学部）

150 名生命科学和医学学部院士中，2000 年以前入选平均年龄为 60 岁，2000—2010 年入选平均年龄为 57 岁，2010 年以后入选平均年龄为 53 岁，与中科院院士整体入选时年龄呈逐年下降的趋势一致，但其下降趋势更加显著（图 5-12）。

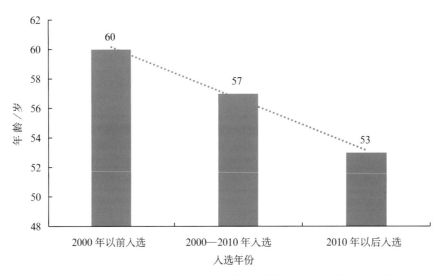

图 5-12　中国科学院院士入选时平均年龄变化趋势（生命科学和医学学部）

九、国外学历

150 名生命科学和医学学部院士中，56 人拥有国外学历，其中美国 20 人，占 35.7%；苏联、英国、日本各 6 人，各占 10.7%；德国 5 人，占 8.9%（图 5-13）。

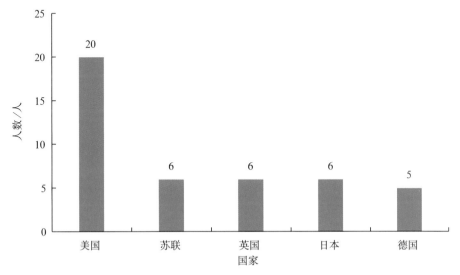

图 5-13　中国科学院院士国外学历情况（生命科学和医学学部）

第二节　中国工程院院士

中国工程院于 1994 年 6 月 3 日在北京成立，是中国工程技术界的最高荣誉性和咨询性学术机构。中国工程院院士由选举产生，为终身荣誉。其中，生物技术领域的中国工程院院士包括医药卫生学部和农业学部 198 位院士。

一、基本情况

截至 2017 年年底，中国工程院院士共有 871 人，包括机械与运载工程学部 124 人，信息与电子工程学部 125 人，化工，冶金与材料工程学部 110 人，能源与矿业工程学部 118 人，土木、水利与建筑工程学部 108 人，环境与轻纺工程学部 55 人，

农业学部 77 人，医药卫生学部 121 人，工程管理学部 33 人。其中，医药卫生学部和农业学部共 198 人，占所有工程院院士人数的 22.7%。

二、时间分布

自 2001 年以来，中国工程院院士增选数量的变化整体呈下降趋势，2007 年增选院士最少（仅增选 33 人），2009—2017 年，院士增选数量有递增趋势（图 5-14）。

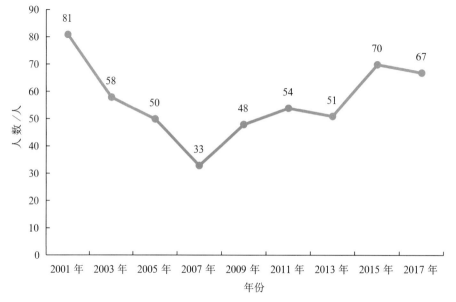

图 5-14　中国工程院院士按年份入选人数

医药卫生学部和农业学部院士每年入选人数基本维持在 15 人左右，如图 5-15 所示。

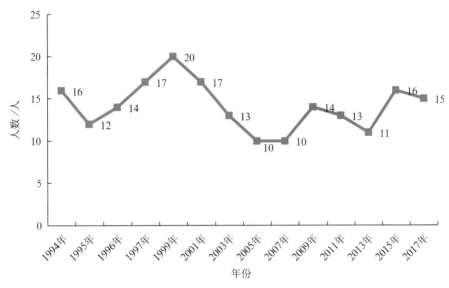

图 5-15　中国工程院院士按年份入选人数（医药卫生学部和农业学部）

三、地区分布

198 名医药卫生学部和农业学部院士所在单位分布在 26 个省级行政区，其中人数排名前 5 位的为北京 82 人、上海 29 人、江苏 13 人、山东 10 人和湖南 7 人，共占总人数的 71.2%（表 5-3 和图 5-16）。

表 5-3　中国工程院院士地区分布（医药卫生学部和农业学部）

地区	人数 / 人	占比
北京	82	41.4%
上海	29	14.6%
江苏	13	6.6%
山东	10	5.1%
湖南	7	3.5%
天津	6	3.0%
辽宁	5	2.5%
黑龙江	4	2.0%
香港	4	2.0%
河北	4	2.0%

地区	人数 / 人	占比
湖北	4	2.0%
浙江	4	2.0%
广东	4	2.0%
新疆	3	1.5%
甘肃	3	1.5%
陕西	3	1.5%
吉林	2	1.0%
重庆	2	1.0%
台湾	2	1.0%
青海	1	0.5%
贵州	1	0.5%
云南	1	0.5%
四川	1	0.5%
福建	1	0.5%
江西	1	0.5%
安徽	1	0.5%

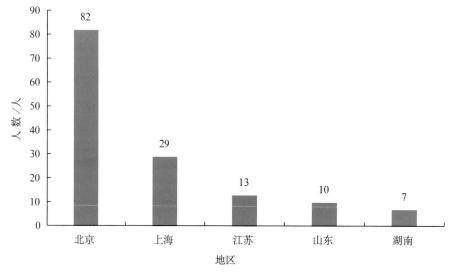

图 5-16　中国工程院院士人数前 5 位地区（医药卫生学部和农业学部）

四、学科分布

198 名医药卫生学部和农业学部院士专业领域分布在 13 个一级学科。其中，人数排名前 10 位的一级学科为临床医学 63 人、农学 48 人、基础医学 27 人、畜牧兽医学 11 人、药学 10 人、中医学与中药学 10 人、林学 10 人、水产学 7 人、军事医学与特种医学 4 人、公共卫生与预防医学 3 人，共占总人数的 97.5%（图 5-17）。

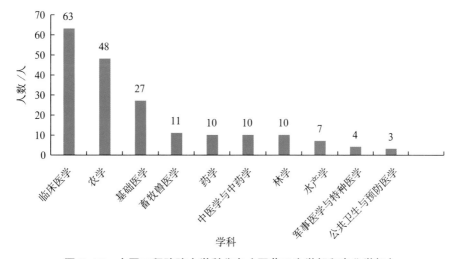

图 5-17　中国工程院院士学科分布（医药卫生学部和农业学部）

五、性别结构

871 名中国工程院院士中，男性 828 人，占比 95%；女性 43 人，占比 5%，如图 5-18 所示。

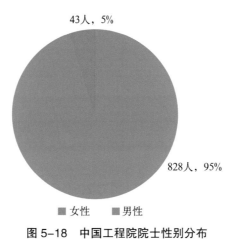

图 5-18　中国工程院院士性别分布

198 名医药卫生学部和农业学部院士中，男性 179 人，占比 90.4%；女性 19 人，占比 9.6%。与所有工程院院士对比发现，生物技术领域女性院士占比较高，是平均水平的 2 倍，表明生物技术领域女性取得的成绩更为突出（图 5-19）。

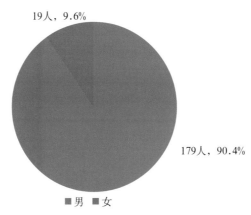

图 5-19 中国工程院院士性别分布（医药卫生学部和农业学部）

六、年龄结构

871 名中国工程院院士平均年龄 75.5 岁：51 ～ 60 岁 163 人，占 18.7%；61 ～ 70 岁 131 人，占 15.0%；71 ～ 80 岁 220 人，占 25.3%；81 ～ 90 岁 337 人，占 38.7%；90 岁以上 20 人，占 2.3%（图 5-20）。

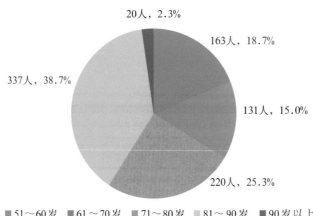

图 5-20 中国工程院院士年龄分布

198 名医药卫生学部和农业学部院士平均年龄 74.9 岁，中位数 77 岁：51 ～ 60 岁 32 人，占 16.2%；61 ～ 70 岁 45 人，占 22.7%；71 ～ 80 岁 40 人，占 20.2%；81 ～ 90 岁 65 人，占 32.8%；90 岁以上 16 人，占 8.1%，与所有工程院院士年龄分布趋势一致（图 5-21）。

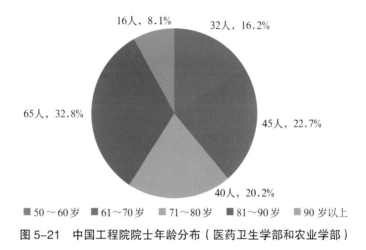

图 5-21　中国工程院院士年龄分布（医药卫生学部和农业学部）

七、入选年龄

871 名中国工程院院士入选时的平均年龄为 60.5 岁：40 岁及以下 2 人，占 0.2%；41 ～ 50 岁 60 人，占 6.9%；51 ～ 60 岁 370 人，占 42.5%；61 ～ 70 岁 390 人，占 44.8%；70 岁以上 49 人，占 5.6%（图 5-22）。

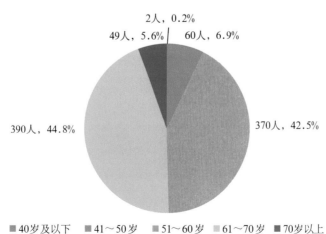

图 5-22　中国工程院院士入选时年龄（2001 年以来）

871 名中国工程院院士中，2000 年以前入选平均年龄为 63 岁，2000—2010 年入选平均年龄为 60 岁，2010 年以后入选平均年龄为 56 岁，入选时年龄呈显著下降趋势（图 5-23）。

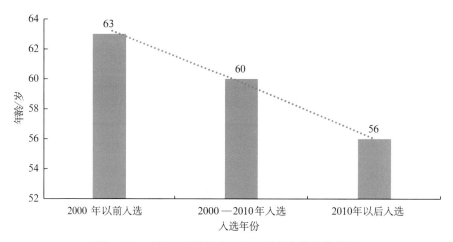

图 5-23　中国工程院院士入选时平均年龄变化趋势

198 名医药卫生学部和农业学部院士入选时的平均年龄为 60.9 岁，中位年龄为 60 岁：41 ～ 50 岁 14 人，占 7.1%；51 ～ 60 岁 85 人，占 42.9%；61 ～ 70 岁 77 人，占 38.9%；70 岁以上 22 人，占 11.1%，入选时年龄分布与整体工程院院士入选时年龄分布相一致（图 5-24）。

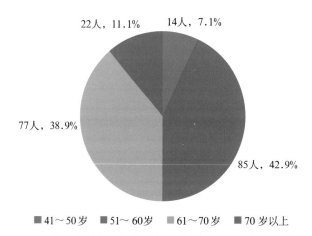

图 5-24　中国工程院院士入选时年龄（医药卫生学部和农业学部）

198 名医药卫生学部和农业学部院士中，2000 年以前入选平均年龄为 64 岁，2000—2010 年入选平均年龄为 60 岁，2010 年以后入选平均年龄为 57 岁，入选时年龄呈下降趋势，与整体工程院院士入选时年龄变化趋势相一致（图 5-25）。

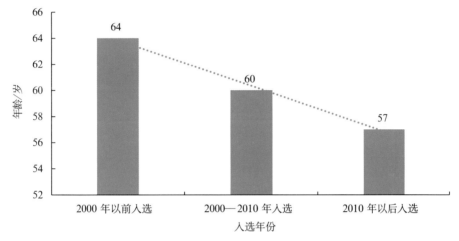

图 5-25　中国工程院院士入选时平均年龄变化趋势（医药卫生学部和农业学部）

八、国外学历

198 名医药卫生学部和农业学部院士中，48 人拥有国外学历，其中日本 12 人，占 25%；苏联 8 人，占 16.7%；美国 7 人，占 14.6%；英国 6 人，占 12.5%；德国 4 人，占 8.3%（图 5-26）。

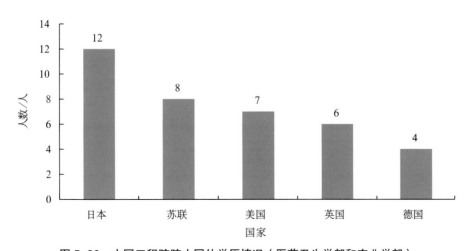

图 5-26　中国工程院院士国外学历情况（医药卫生学部和农业学部）

第三节　长江学者奖励计划

教育部"长江学者奖励计划"（简称"长江学者"）是国家重大人才工程的重要组成部分，与"海外高层次人才引进计划""青年英才开发计划"等共同构成国家高层次人才培养支持体系。"长江学者奖励计划"为中国生物技术领域的创新发展提供了坚实的人才储备。

一、基本情况

1999—2017 年，教育部颁发的"长江学者"共 3958 人，包括特聘教授 2305 人、讲座教授 949 人和青年学者 704 人。其中，生物技术领域"长江学者"共计 840 人，占总数的 21.2%（图 5-27）。

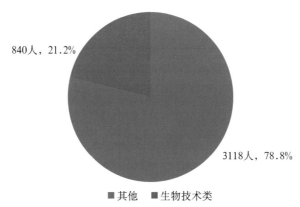

840人，21.2%

3118人，78.8%

■ 其他　■ 生物技术类

图 5-27　生物技术领域"长江学者"人数和占比

二、年度变化

1999—2017 年，生物技术领域"长江学者"人数呈上升趋势，特别是 2012 年以来，增长态势尤其明显（图 5-28）。

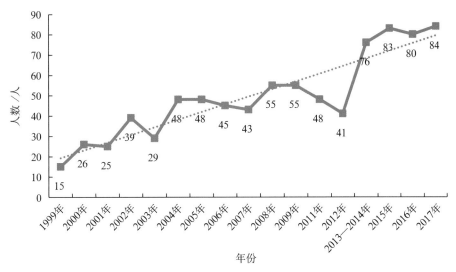

图 5-28　生物技术领域"长江学者"评定人数年度变化

注："长江学者奖励计划" 2010 年未评选，2013 年和 2014 年合并评选，图 5-32 同。

三、地区分布

840 名生物技术领域"长江学者"分布在 29 个省级行政区，其中人数排名前 10 位的地区为：北京市 183 人、上海市 144 人、湖北省 79 人、江苏省 64 人、广东省 57 人、陕西省 50 人、浙江省 40 人、四川省 30 人、天津市 30 人、重庆市 26 人，共计占比 83.7%。其中，北京和上海占比高达 38.9%（表 5-4 和图 5-29）。

表 5-4　生物技术领域"长江学者"地区分布

地区	人数 / 人	占比
北京	183	21.8%
上海	144	17.1%
湖北	79	9.4%
江苏	64	7.6%
广东	57	6.8%
陕西	50	6.0%
浙江	40	4.8%
四川	30	3.6%
天津	30	3.6%

续表

地区	人数/人	占比
重庆	26	3.1%
湖南	23	2.7%
山东	22	2.6%
黑龙江	15	1.8%
甘肃	11	1.3%
吉林	11	1.3%
辽宁	11	1.3%
福建	9	1.1%
安徽	7	0.8%
广州	7	0.8%
广西	5	0.6%
贵州	3	0.4%
河南	3	0.4%
新疆	3	0.4%
内蒙古	2	0.2%
海南	1	0.1%
河北	1	0.1%
江西	1	0.1%
西藏	1	0.1%
云南	1	0.1%

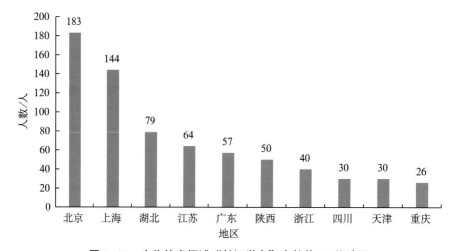

图 5-29　生物技术领域"长江学者"人数前 10 位地区

四、院校分布

840 名生物技术领域"长江学者"分布在 113 个机构中，其中人数排名前 10 位的机构为：北京大学 60 人、复旦大学 56 人、上海交通大学 49 人、浙江大学 40 人、清华大学 37 人、华中科技大学 34 人、空军军医大学 33 人、中山大学 32 人、中国农业大学 30 人、华中农业大学 25 人，共占比 47.1%（图 5-30）。

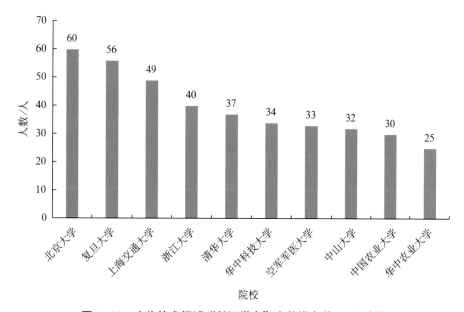

图 5-30　生物技术领域"长江学者"人数排名前 10 位院校

五、学科分布

840 名生物技术领域"长江学者"分布在 15 个一级学科，其中人数排名前 5 位的学科分别为生物学 383 人，临床医学 196 人，自然科学相关工程与技术 56 人，基础医学 48 人，药学 45 人，共占比 86.7%，和近年来生命科学与医学的发展态势一致（图 5-31）。

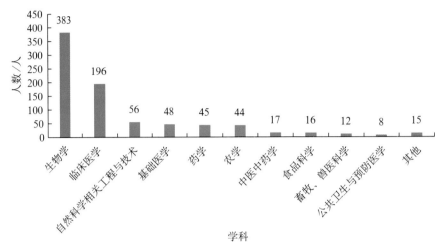

图 5-31 生物技术领域"长江学者"学科分布

六、与信息领域比较

信息技术作为第三次科技革命浪潮的核心技术，对经济社会发展产生了深刻的影响。在这个过程中，信息技术人才发挥了极其重要的作用。1999—2017 年，以电子科学与技术、信息与通信工程、控制科学与工程、计算机科学与技术为代表的信息技术领域的"长江学者"共 403 名，占总数的 10.1%。而生物技术领域人数为 840 人，约为前者的 2 倍。从年度入选情况分析，生物技术领域"长江学者"人数呈明显增长趋势，尤其是 2012 年以来呈加速增长，显著高于信息技术领域"长江学者"入选人数的增长趋势（图 5-32）。

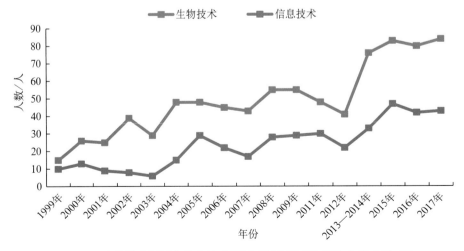

图 5-32 生物技术领域和信息技术领域"长江学者"历年入选人数对比

第四节　创新人才推进计划

为贯彻落实《国家中长期人才发展规划纲要（2010—2020 年）》，2011 年开始，由科技部、人力资源社会保障部、财政部、教育部、中国科学院、中国工程院、国家自然科学基金委员会、中国科学技术协会组织实施了"创新人才推进计划"。"创新人才推进计划"旨在通过创新体制机制、优化政策环境、强化保障措施，培养和造就一批具有世界水平的科学家、高水平的科技领军人才和工程师、优秀创新团队和创业人才，打造一批创新人才培养示范基地，加强高层次创新型科技人才队伍建设，引领和带动各类科技人才的发展，为提高自主创新能力、建设创新型国家提供有力的人才支撑。

一、基本情况

2012—2016 年，生物技术领域的中青年科技创新领军人才、创新团队负责人和科技创新创业人才共 758 人，人数和占比分布如表 5-5 和图 5-33 所示。

表 5-5　科技部"创新人才推进计划"中生物技术领域人才数量和占比

年份	中青年科技创新领军人才			创新团队负责人			科技创新创业人才		
	生物技术领域	总数	占比	生物技术领域	总数	占比	生物技术领域	总数	占比
2012 年	62	205	30.2%	22	87	25.3%	17	64	26.6%
2013 年	76	267	28.5%	22	67	32.8%	46	242	19.0%
2014 年	102	306	33.3%	20	52	38.5%	41	213	19.2%
2015 年	101	307	32.9%	18	50	36.0%	52	214	24.3%
2016 年	111	314	35.4%	22	67	32.8%	46	203	22.7%

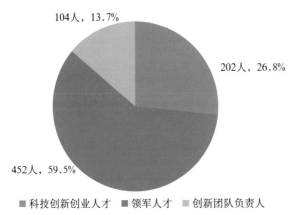

图 5-33　科技部"创新人才推进计划"生物技术领域人员构成

二、年度变化

2012—2016 年，"创新人才推进计划"中入选的生物技术领域人才数量不断增长，占总体入选人数的比例也呈现增长趋势（图 5-34）。

图 5-34　科技部"创新人才推进计划"生物技术领域入选人数和占比

2012—2016 年，生物技术领域的领军人才、创新团队和科技创新创业人数占比呈稳中有升的态势，其中领军人才人数占比上升趋势更为明显（图 5-35）。

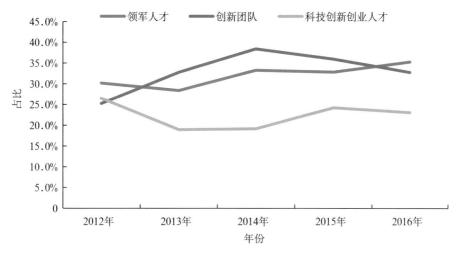

图 5-35　科技部"创新人才推进计划"各类人数占比

三、学科分布

在"创新人才推进计划"的"领军人才"和"创新团队"中，人才数量最多的前 10 位学科为生物学 126 人、农学 77 人、临床医学 75 人、畜牧兽医科学 53 人、基础医学 43 人、食品科学技术 37 人、药学 32 人、中医学与中药学 21 人、化学 20 人及地球科学 14 人，占该类别总人数的 89.6%（图 5-36）。

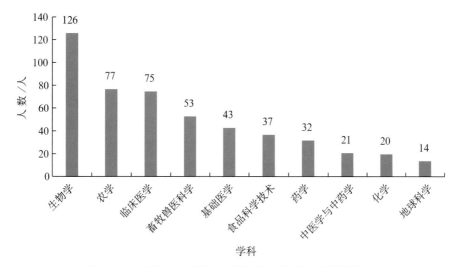

图 5-36　"领军人才"和"创新团队"中人才学科分布

四、技术领域分布

在生物技术领域的"科技创新创业人才"中，农业领域 69 人，占 34%；人口与健康领域 133 人，占 66%（图 5-37）。

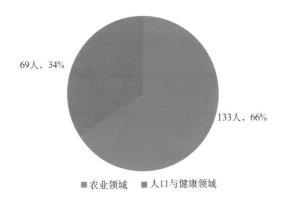

69人，34%

133人，66%

■农业领域　■人口与健康领域

图 5-37　"科技创新创业人才"技术领域分布

第五节　国家重点研发计划项目负责人

国家重点研发计划主要针对事关国计民生的重大社会公益性研究，以及事关产业核心竞争力、整体自主创新能力和国家安全的重大科学技术问题，突破国民经济和社会发展主要领域的技术瓶颈，将科技部管理的国家重点基础研究发展计划、国家高技术研究发展计划、国家科技支撑计划、国际科技合作与交流专项，发展改革委、工业和信息化部共同管理的产业技术研究与开发资金，农业农村部（原农业部）、卫生健康委（原卫计委）等 13 个部门管理的公益性行业科研专项等，整合形成国家重点研发计划。对 2016 年和 2017 年七大类生物技术领域重点专项参与人员、项目负责人员和课题负责人员数量和构成的分析反映了中国生物技术领域主持和参与重大科学研究的高层次人才现状。

一、基本情况

七大类生物技术领域重点专项包括干细胞及转化研究、生物安全关键技术研发、生物医用材料研发与组织器官修复替代、食品安全关键技术研发、数字诊疗装备研发、中医药现代化研究和重大慢性非传染性疾病防控研究。2016 年和 2017 年共资助 461 项，参与总人数 26 388 人，其中 2016 年 223 项，参与总人数 11 339 人；2017 年 238 项，参与总人数 15 049 人。

二、人员类型

所有参与人员中，项目负责人共 461 人，课题负责人共 1624 人，项目骨干 12 323 人，其他研究人员 11 980 人（图 5-38）。

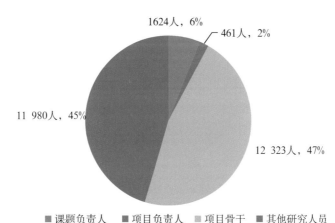

图 5-38　国家重点研发计划（生物技术领域）参与人员类型分布

三、性别结构

所有参与人员中，男性 15 505 人，占比 59%；女性 10 883 人，占比 41%（图 5-39）。

项目负责人中，男性 384 人，占比 83%，女性 77 人，占比 17%（图 5-40）。课题负责人中，男性 1197 人，占比 74%，女性 427 人，占比 26%（图 5-41）。和其他类别的生物技术领域高层次人才相比，国家重点研发计划项目 / 课题负责人中女性占比更高，特别是课题负责人的女性占比近 3 成。

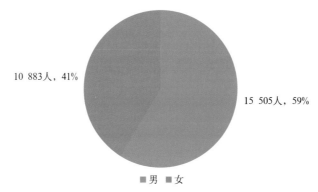

10 883人，41%   15 505人，59%

■男 ■女

图 5-39　国家重点研发计划（生物技术领域）参与人员性别分布

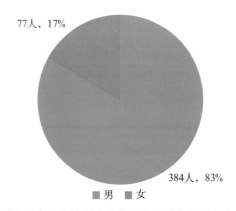

77人，17%

384人，83%

■男　■女

图 5-40　国家重点研发计划（生物技术领域）项目负责人性别分布

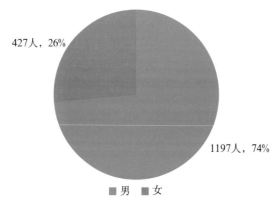

427人，26%

1197人，74%

■男　■女

图 5-41　国家重点研发计划（生物技术领域）课题负责人性别分布

四、职称结构

所有参与人员中，正高级职称 5388 人，占比 20%；副高级职称 5410 人，占比 21%；中级职称 6497 人，占比 25%；初级职称 2469 人，占比 9%；其他 6624 人，占比 25%（图 5–42）。

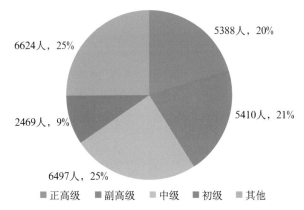

图 5-42　国家重点研发计划（生物技术领域）参与人员职称分布

项目负责人中，正高级职称 405 人，占比 88%；副高级职称 49 人，占比 11%；其他职称 7 人，占比 1%（图 5–43）。课题负责人中，正高级职称的 1128 人，占比 70%；副高级职称 406 人，占比 25%；中级职称 54 人，占比 3%；其他职称 36 人，占比 2%（图 5–44）。生物技术领域国家重点研发计划项目负责人中高级职称占比高达 99%。

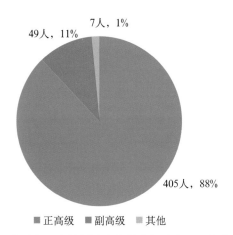

图 5-43　国家重点研发计划（生物技术领域）项目负责人职称分布

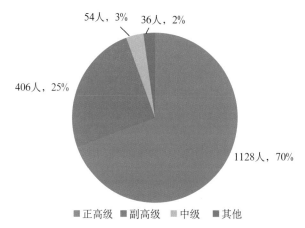

图 5-44 国家重点研发计划（生物技术领域）课题负责人职称分布

五、学历结构

所有参与人员中，博士学历 11 462 人，占比 43%；硕士学历 7935 人，占比 30%；学士学历 6464 人，占比 25%；其他学历 527 人，占比 2%（图 5-45）。

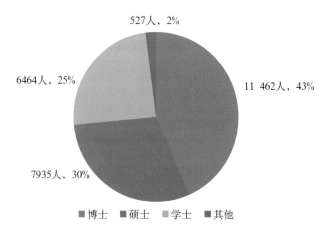

图 5-45 国家重点研发计划（生物技术领域）参与人员学历分布

项目负责人中，博士学历 412 人，占比 89%；硕士学历 37 人，占比 8%；学士学历 12 人，占比 3%（图 5-46）。课题负责人中，博士学历 1335 人，占比 82.2%；硕士学历 181 人，占比 11.1%；学士学历 105 人，占比 6.5%；其他学历 3 人，占比 0.2%。生物技术领域国家重点研发计划项目负责人中拥有硕士及以上学位者占比高达 97%（图 5-47）。

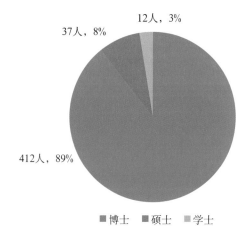

图 5-46　国家重点研发计划（生物技术领域）项目负责人学历分布

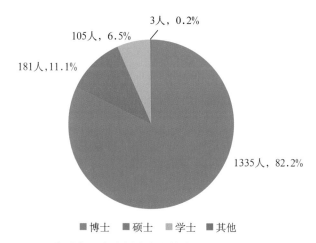

图 5-47　国家重点研发计划（生物技术领域）课题负责人学历分布

六、职务结构

项目负责人担任校长、院长、处长、主任或总经理等行政职务者 327 人，占比 71%，无行政职务者 134 人，占比 29%（图 5-48）。生物技术领域国家重点研发计划项目负责人中担任行政职务的人数占比高达 70%。

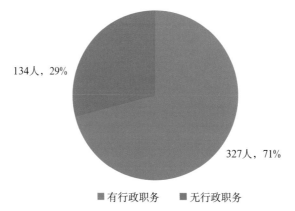

图 5-48　国家重点研发计划（生物技术领域）项目负责人行政职务分布

七、院校分布

对生物技术领域的 461 位项目负责人的院校分布统计表明，人数前 5 位的高校分别为上海交通大学 25 人、复旦大学 20 人、首都医科大学 20 人、陆军军医大学 19 人和北京大学 17 人（图 5-49）。

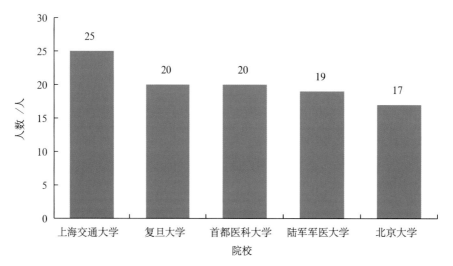

图 5-49　国家重点研发计划生物技术领域项目负责人人数前 5 位院校

八、地区分布

对生物技术领域 461 位项目负责人的区域分布统计表明：华北地区共 172 人，

占比 38%；华东地区共 144 人；占比 31%；华南地区共 42 人；占比 9%；西南地区共 38 人；占比 8%；东北地区共 28 人；占比 6%；华中地区共 24 人；占比 5%；西北地区共 13 人，占比 3%（图 5-50）。和其他类别生物技术领域高层次人才地区分布类似，华北和华东地区的国家重点研发计划项目负责人数量占据了总数的近 70%，与地区政治、经济和文化发展水平相一致，生物技术人才的分布存在明显地区差异。

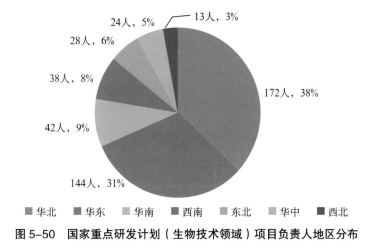

图 5-50　国家重点研发计划（生物技术领域）项目负责人地区分布

第六章 青年高层次生物技术人才

青年人才是人才队伍中的生力军，是国家创新活力之所在，也是科技发展希望之所在。党和国家历来注重青年人才的发展，千方百计创造条件，最大限度地调动青年科技人才的创新积极性，为广大青年人才发挥作用、施展才华提供了更加广阔的天地。对生物技术领域青年高层次人才的分析包括"杰出青年基金""青年长江学者"等国家级人才计划中青年人才入选者和国家重点研发计划中的青年项目负责人。

对以上信息的分析反映了中国青年高层次生物技术人才呈现出以下几个特点：一是生物技术领域青年高层次人才数量呈现增长趋势，在青年高层次科技人才中始终占有较大的比重，并保持稳定。二是生物技术领域青年高层次人才主要分布在北京、上海和广东等经济科技发达的地区，以及中国科学院、北京大学和复旦大学等科研实力雄厚的机构，这与适合高层次人才发展的环境需求一致。三是生物技术领域青年高层次人才整体呈现出显著的高学历、高职称现象，显示出该领域人才储备力量雄厚。四是生物技术领域青年高层次人才主要集中在生物学、临床医学和基础医学等领域。五是生物技术领域青年高层次人才构成呈现男多女少，与中国科研领域整体情况一致。

第一节 杰出青年科学基金

国家自然科学基金委"杰出青年科学基金"（简称"国家杰青"）于 1994 年 3 月 14 日由国务院批准设立，由国家自然科学基金委员会负责管理，每年受理 1 次，是中国为促进青年科学和技术人才的成长、鼓励海外学者回国工作、加速培养造就一批进入世界科技前沿的优秀学术带头人而特别设立的。"国家杰青"每年资助优秀青年学者 200 人左右，每人资助经费一般为 80 ~ 100 万元，研究期限为 4 年，支持在基础研究方面已取得突出成绩的青年学者自主选择研究方向开展创新研究。对 1994—2018 年生物技术领域"国家杰青"入选者的分析反映了中国对生物技术领域青年高层次人才的培养和支持情况。

一、基本情况

1994—2018 年以来"国家杰青"共计 4022 人，其中，生物技术相关领域 1202
人，占比为 29.9%（图 6-1）。

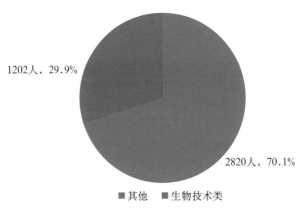

图 6-1 生物技术领域"杰青"人数及占比

二、年度变化

1994—2018 年生物技术领域"国家杰青"人数呈现增长趋势，占比在各年间保
持较稳定，如图 6-2 所示。

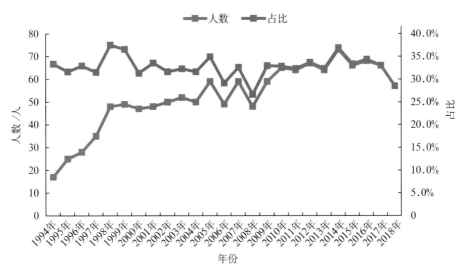

图 6-2 生物技术领域"杰青"人数年度变化趋势

三、地区分布

1202 名生物技术领域的"国家杰青"分布于 25 个省级行政区，人数排名前 5 位的地区为北京（450 人）、上海（244 人）、广东（80 人）、湖北（78 人）和江苏（72 人），占总人数的 76.9%（表 6-1、图 6-3）。

表 6-1 生物技术领域"杰青"地区分布

地区	人数／人	占比
北京	450	37.5%
上海	244	20.3%
广东	80	6.7%
湖北	78	6.5%
江苏	72	6.0%
浙江	49	4.1%
四川	48	4.0%
山东	26	2.2%
天津	26	2.2%
陕西	25	2.1%
云南	19	1.6%
安徽	16	1.3%
福建	15	1.2%
湖南	11	0.9%
辽宁	10	0.8%
黑龙江	7	0.6%
吉林	6	0.5%
甘肃	4	0.3%
河北	3	0.2%
河南	3	0.2%
新疆	3	0.2%
重庆	3	0.2%
江西	2	0.2%
广西	1	0.1%
海南	1	0.1%

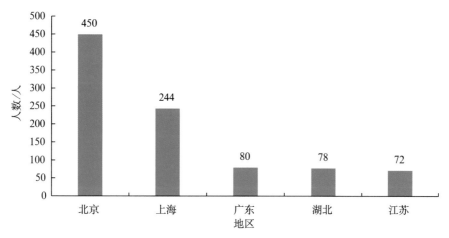

图 6-3　生物技术领域"杰青"人数排名前 5 位的地区

四、机构分布

　　1202 名生物技术领域"国家杰青"分布在 177 个机构，人数排名前 10 位的机构为中国科学院上海生命科学研究院（77 人）、北京大学（76 人）、复旦大学（51 人）、中山大学（44 人）、浙江大学（44 人）、清华大学（42 人）、中国农业大学（38 人）、中国科学院遗传与发育生物学研究所（37 人）、上海交通大学（37 人）和中国科学院动物研究所（28 人），占总人数的 39.4%（图 6-4）。

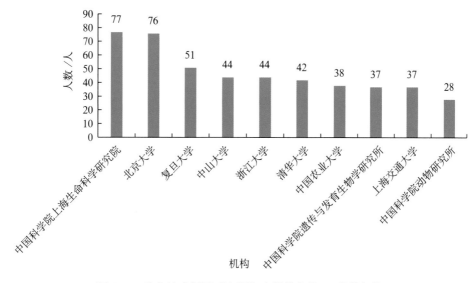

图 6-4　生物技术领域"杰青"人数排名前 10 位的机构

五、学科分布

1202 名生物技术领域"国家杰青"分布在 15 个一级学科，人数排名前 5 位的一级学科为生物学（431 人）、临床医学（267 人）、基础医学（153 人）、农学（82 人）和自然科学相关科学与技术（57 人），占总人数的 82.4%（表 6-2、图 6-5）。人数排名前 5 位的二级学科为内科学（86 人）、植物学（75 人）、肿瘤学（64 人）、生物医学工程（57 人）和神经生物学（47 人），占总人数的 27.4%（图 6-6）。

表 6-2 生物技术领域"杰青"人员学科分布

一级学科	一级 / 二级学科	人数
生物学	植物学	75
	神经生物学	47
	遗传学	46
	细胞生物学	42
	微生物学	42
	生物化学	33
	动物学	28
	生物物理	23
	免疫学	20
	分子生物学	19
	生态学	14
	古生物学	14
	发育生物学	9
	昆虫学	8
	生理学	5
	肿瘤生物学	3
	其他	2
	放射生物学	1
临床医学	内科学	86
	肿瘤学	64
	神经和精神系统疾病	28
	医学影像	26

一级学科	一级/二级学科	人数
临床医学	外科学	21
	其他	9
	耳鼻喉科学	8
	口腔医学	8
	眼科学	6
	妇产科学	5
	皮肤病学	4
	理疗学	2
基础医学	医学生物化学	39
	医学细胞生物学	24
	医学免疫学	18
	医学病毒学	17
	病理学	14
	药理学	13
	医学遗传学	12
	其他	9
	医学微生物	7
农学	农学	82
自然科学相关科学与技术	生物医学工程	57
药学	药学	54
材料科学	生物材料	36
中医中药	中医中药	35
畜牧兽医	畜牧兽医	29
环境科学	环境生物学	20
预防医学与公共卫生	预防医学与公共卫生	15
水产	水产	13
林学	林学	7
特种医学	特种医学	2
能源科学	生物能	1

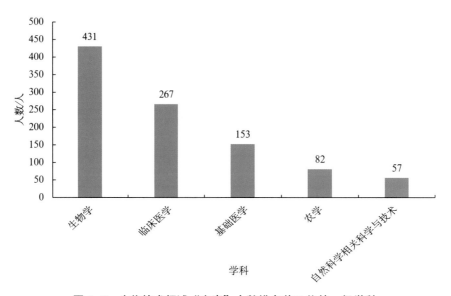

图 6-5　生物技术领域"杰青"人数排名前 5 位的一级学科

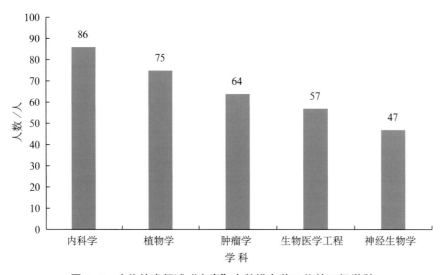

图 6-6　生物技术领域"杰青"人数排名前 5 位的二级学科

第二节　青年长江学者

2015 年，"长江学者奖励计划"新增青年学者项目，遴选一批在学术上崭露头角、创新能力强、发展潜力大、恪守学术道德和教师职业道德的优秀青年学术带头人。对 2015—2017 年生物技术领域"青年长江学者"的分析反映了中国对生物技术领域优秀青年学者的培养和支持情况。

一、基本情况

2015—2017 年共评选"青年长江学者"704 名，其中生物技术领域入选 143 名，占 20.3%（图 6-7）。

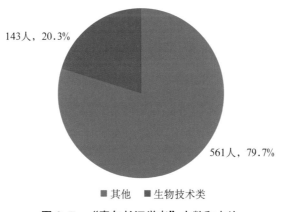

143人，20.3%

561人，79.7%

■ 其他　■ 生物技术类

图 6-7　"青年长江学者"人数和占比

二、年度变化

3 年来生物技术领域"青年长江学者"人数呈上升趋势，其中 2015 年 46 人、2016 年 45 人、2017 年 52 人（图 6-8）。

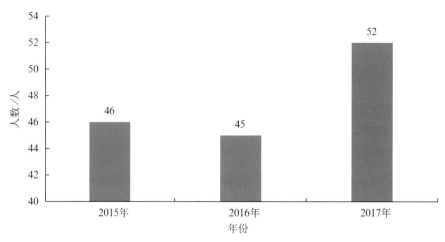

图 6-8　"青年长江学者"人数年度变化

三、学科分布

143 名"青年长江学者"分布在 13 个一级学科，其中人数排名前 5 位的学科为生物学（59 人，占比 41.3%）、临床医学（33 人，占比 23.1%）、药学（11 人、占比 7.7%）、农学（10 人，占比 7.0%）和基础医学（8 人，占比 5.6%），如表 6-3 所示。

表 6-3　"青年长江学者"学科分布及占比

学科	人数 / 人	占比
生物学	59	41.3%
临床医学	33	23.1%
药学	11	7.7%
农学	10	7.0%
基础医学	8	5.6%
自然科学相关工程与技术	8	5.6%
中医中药学	5	3.5%
畜牧、兽医科学	3	2.1%
公共卫生与预防医学	2	1.4%
地球生物学	1	0.7%
食品科学	1	0.7%
水产学	1	0.7%
预防医学与公共卫生学	1	0.7%

第三节　国家重点研发计划青年专项负责人

　　为加大对青年科技人才的培养和支持，国家重点研发计划在部分重点专项中设立了青年科学家项目。对 2016—2017 年部分重点专项中青年专家数量、占比、年龄构成、性别构成、学历构成和职称构成的分析反映了生物技术领域承担重要科学研发项目的青年高层次人才的现状。

一、基本情况

　　2016 年"干细胞及转化研究""数字诊疗装备研发""生物安全关键技术研发"和 2017 年"干细胞及转化研究""生物安全关键技术研发"专项中青年专家共计 53 人，包括项目负责人 40 人和课题负责人 13 人（图 6-9）。其中"干细胞及转化研究"项目负责人中青年专家 20 人，占比为 29.4%；"数字诊疗装备研发"项目负责人中青年专家 20 人，占比为 28.6%。

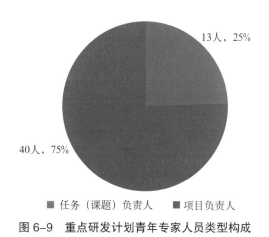

图 6-9　重点研发计划青年专家人员类型构成

二、性别结构

　　53 名青年专家中，男性 38 人，占 72%；女性 15 人，占 28%（图 6-10）。

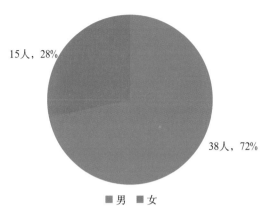

15人，28%

38人，72%

■ 男 ■ 女

图 6-10 重点研发计划青年专家人员性别分布

三、年龄结构

53 名青年专家中，最小年龄 31 岁，最大年龄 41 岁，平均年龄 35.8 岁，中位年龄 35 岁。其中，31 ~ 35 岁为 29 人，占比为 55%；36 ~ 41 岁为 24 人，占比为 45%（图 6-11）。

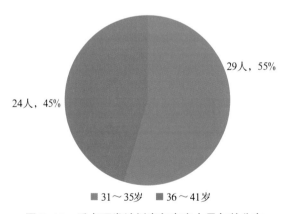

29人，55%

24人，45%

■ 31～35岁 ■ 36～41岁

图 6-11 重点研发计划青年专家人员年龄分布

四、学历结构

53 名青年专家中，博士学历 52 人，占比为 98%；硕士学历 1 人，占比为 2%。青年专家呈现显著的高学历构成（图 6-12）。

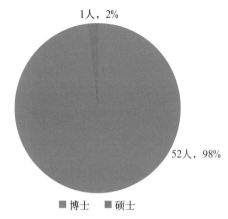

1人，2%

52人，98%

■ 博士　■ 硕士

图 6-12　重点研发计划青年专家人员学历分布

五、职称结构

53 名青年专家中，正高级职称 25 人，占比为 47.2%；副高级职称 23 人，占比为 43.4%；中级职称 5 人，占比为 9.4%（图 6-13）。

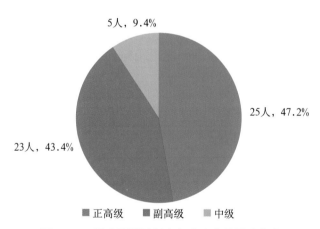

5人，9.4%

25人，47.2%

23人，43.4%

■ 正高级　■ 副高级　■ 中级

图 6-13　重点研发计划青年专家人员职称分布

展　望

　　当前，生物技术的迅猛发展对人类生产生活方式乃至思维方式和认知模式都带来了深刻改变。中国正处于由科技大国向科技强国转变的关键时期，建立一支强大的生物技术人才队伍对于抢占生物技术发展战略机遇期、提高国际竞争力、推动中国从生物技术大国向生物技术强国转变具有决定性作用。

　　在《国家中长期生物技术人才发展规划（2010—2020 年）》的指导下，中国探索并初步建立了适合国情的生物技术人才培养、使用和引进机制，取得了显著的工作成效。在人才培养方面，生物技术领域人才数量不断增加，人才规模和整体水平持续提高，学科分布不断优化。在职人才方面，生物技术领域人才呈现高学历、重研发的特点，并形成了较好的人才梯队和聚集效应。在高层次人才方面，生物技术领域人才在整体高层次科技人才中占据了重要的地位，并呈现出年轻化的趋势。在青年高层次人才方面，生物技术领域人才呈现高占比、稳中有升的特点，形成了一定的聚集效应和较雄厚的储备力量。但与此同时，我国生物技术人才队伍建设仍有许多不足之处，与欧美发达国家还存在较大差距，主要表现在生物技术人才占比偏低、高层次人才偏少，尤其是缺乏复合型人才、应用型人才及创新性成果。因此，今后生物技术人才队伍的建设需要注重以下几个方面的工作。

　　一是重视交叉学科教育，加强复合型人才培养。生物技术的发展伴随着日益凸显的学科交叉、知识融合和技术集成，生物技术创新成果往往产生于学科的边缘或交叉点，对复合型人才的需求是必然趋势。而目前的教育体系在专业设置、教师队伍、培养方式等方面对学科交叉重视不足，较难培养出足量的复合型人才，导致生物技术创新链在各学科之间衔接不畅，不利于产生颠覆性、突破性创新成果。因此，未来生物技术人才队伍的建设尤其要注重复合型人才的培养，加强跨学科人才交叉培养，拓展生物学和其他自然科学、人文科学之间的复合型人才培养的渠道。

　　二是重视产业发展导向，加强应用型人才培养。生物技术催生的战略性新兴产业的发展需要从事产业开发、技术转化的应用型人才。而目前我国生物技术人才培养主要集中于前沿基础研究领域，缺乏以产业发展为明确导向的人才培养模式，尤其缺乏具有生物技术专业背景的创业型人才和管理人才，导致科研成果创新链下游转化能力不足。因此，未来生物技术人才队伍的建设要加强应用型人才的培养，如鼓励校研企合作，通过设立人才基金等方式分层次培养应用型、创新型与创业型人才，满足生物技术产业发展需求，弥合科研与应用之间的鸿沟。

三是完善人才使用机制，促进人才发挥创新活力。我国目前生物技术人才队伍虽然初具规模，但尚未充分发挥人才的创新活力。近年来在生命组学、脑科学、合成生物学、再生医学、精准医学等不断涌现重大研究进展的领域，极少出现具有重大国际影响力的中国原创科研成果和产品。未来生物技术人才队伍的建设需注重完善人才的使用机制，为人才资源最大限度地发挥创新活力提供重要支撑。如创新人才评价体系，突出能力业绩导向，增加评审方式多元化，释放各类生物技术人才创新活力。

随着国家对人才工作和生物技术的高度重视，我国生物技术人才也将迎来快速发展的战略机遇期。相信在各方努力下，生物技术人才队伍的整体水平将得到进一步提高，为我国生物技术的长远发展提供持续有力的人才支撑。

图表索引

附　录

附录 A　数据清单和分析维度

一、数据清单

类别	数据基础	数据来源	时间跨度 / 节点	生物技术领域人才总量
生物技术人才培养	176 家主要高等院校和科研机构 *	中国生物技术发展中心	2015—2017 年	16.8 万人
	教育部全国高校招生和毕业生数据库	教育部信息中心	2008—2017 年	846 万人（招生数）766 万人（毕业数）
	万方数据库学位论文数据库	北京万方数据股份有限公司	2008—2017 年	69.9 万篇（学位论文）
生物技术在职人才	276 家主要高等院校、科研机构和医疗机构 *	中国生物技术发展中心	2015—2017 年	29 万人
	国家级高新技术产业开发区人才队伍	中国生物技术发展中心	截至 2017 年	97.7 万人
	国家临床医学研究中心人才队伍		截至 2017 年	1.9 万人
	国家重点实验室人才队伍		截至 2015 年	6189 人
	国家科技专家库	科技人才交流开发服务中心	截至 2018 年 5 月	2.8 万人
高层次生物技术人才	中国科学院院士	中国科学院官方网站	截至 2017 年底	150 人
	中国工程院院士	中国工程院官方网站	截至 2017 年底	198 人
	教育部"长江学者奖励计划"	教育部官方网站	1999—2017 年	840 人
	国家重点研发计划项目（七类生物技术领域的重点专项）	中国生物技术发展中心	2016—2017 年	2.6 万人（参与人数）461 人（项目负责人）
	科技部"创新人才推进计划"	科技部官方网站	2012—2016 年	758 人

续表

类别	数据基础	数据来源	时间跨度／节点	生物技术领域人才总量
青年高层次生物技术人才	国家自然科学基金委员会"杰出青年科学基金"	国家自然科学基金委员会官方网站	1994—2018 年	1202 人
	教育部"青年长江学者"	教育部官方网站	2015—2017 年	143 人
	国家重点研发计划青年专项负责人（三类生物技术领域的重点专项）	中国生物技术发展中心	2016—2017 年	53 人

*：生物技术人力资源调研。

中国生物技术发展中心于 2018 年 6 月开展了全国生物技术人力资源调研。调研主要采取了问卷调查的方式，范围覆盖了全国 31 个省级行政区（未包括香港、澳门、台湾）。调研对象包括部分高等院校、科研院所和医疗机构。其中，高等院校为含有生物技术相关专业的部分 985、211、"双一流"高校，以及生物技术相关"双一流"学科所在高校；科研院所为中科院、农科院、医科院所属的科研院所，以及各省市自治区科技厅、局、委员会确定的生物技术相关的省部级科研院所；医疗机构为各省市自治区科技厅、局、委员会确定的主要研究型三甲医院。调研内容为 2015—2018 近 3 年来生物技术相关专业人才培养数量，以及 2017 年度在职人员总量和构成情况。

调研共发放 320 份问卷，最终收回有效问卷为 276 份。其中，高等院校 73 所、科研院所 103 所、三甲医院 100 所。回收率为 86.3%。我们对问卷中反馈的数据进行了统计分析，在此基础上对目前中国生物技术人才的培养情况、在职情况进行了梳理和分析。

二、分析维度

1. 时间维度

以年为单位，分析人才数量在各年份的分布及变化趋势。

2. 地区维度

以行政区域为单位，分析人才数量在七大地理分区及 34 个省级行政区的分布和比例。

根据《中华人民共和国宪法》规定，中华人民共和国的行政区域划分为 34 个省级行政区，即 4 个直辖市、23 个省、5 个自治区、2 个特别行政区。

3. 学科维度

以 GB/T 13745—2008 学科分类与代码为标准，分析人才数量在一级学科和二级学科的分布和比例。按照《中华人民共和国国家质量监督检验检疫总局》和《国家标准化管理委员会》发布的学科分类与代码（GB/T 13745—2008），经专家研究讨论，筛选出了 20 个与生物技术直接相关或存在重要交叉领域的一级学科，分别为：物理学、能源科学、心理学、化学、地球科学、生物学、农学、林学、材料科学、环境与资源科学、水产学、食品科学技术、畜牧兽医科学、基础医学、临床医学、中医学与中药学、预防医学与公共卫生学、军事医学与特种医学、药学、自然科学相关工程与技术。这些一级学科包括 130 个与生物技术领域相关的二级学科，具体学科目录详见附录 B。

4. 机构类型维度

调研涉及的机构类型主要包括高等院校、科研机构、医疗机构 3 种。以高校类型为例，分析人才数量在"双一流"高校、"双一流"学科建设高校及其他高校之间的分布和比例。

全国高等学校共计 2879 所，其中，普通高等学校 2595 所（含独立学院 266 所）、成人高等学校 284 所。根据教育部、财政部、发展改革委联合发布的《关于公布世界一流大学和一流学科建设高校及建设学科名单的通知》，正式确认公布世界一流大学和一流学科建设高校及建设学科名单，首批"双一流"建设高校共计 137 所。其中，世界一流大学建设高校 42 所（A 类 36 所、B 类 6 所），世界一流学科建设高校 95 所。"双一流"建设学科共计 465 个（其中自定学科 44 个）。

5. 人员构成维度

分析各类人才的构成情况，包括性别、年龄、学历、职称等分布和各类人才所占比例。

附录 B 生物技术领域学科分类与代码表（部分）

代码	学科名称	说明
130	**力学**	
13041	生物力学	包括生物流体力学与生物流变学等
140	**物理学**	
14020	声学	
1402066	生理、心理声学和生物声学	
150	**化学**	
15020	有机化学	
1502070	生物有机化学	
15060	化学生物学	
170	**地球科学**	
17030	地球化学	
1703030	生物地球化学	
17045	地理学	
1704511	生物地理学	
17050	地质学	
1705041	古生物学	
17060	海洋科学	
1706040	海洋生物学	
1706065	海洋生态学	
180	**生物学**	
18011	生物数学	
18014	生物物理学	
1801410	生物信息论与生物控制论	
1801420	理论生物物理学	
1801425	生物声学与生物物理学	
1801430	生物光学与光生物物理学	
1801435	生物电磁学	
1801440	生物能量学	

续表

代码	学科名称	说明
1801445	低温生物物理学	
1801450	分子生物物理学与结构生物学	原名为"分子生物物理学"
1801455	空间生物物理学	
1801460	仿生学	参见 41040
1801465	系统生物物理学	
1801470	生物影像学	
1801499	生物物理学其他学科	
	生物力学	见 13041
18017	生物化学	
1801710	多肽与蛋白质生物化学	
1801715	核酸生物化学	
1801720	多糖生物化学	
1801725	脂类生物化学	
1801730	酶学	
1801735	膜生物化学	
1801740	激素生物化学	
1801745	生殖生物化学	
1801750	免疫生物化学	
1801755	毒理生物化学	
1801760	比较生物化学	
	生物化学工程	见 53067
1801765	应用生物化学	具体应用入有关学科
1801799	生物化学其他学科	
18021	细胞生物学	
1802110	细胞生物物理学	
1802120	细胞结构与形态学	
1802130	细胞生理学	
1802140	细胞进化学	
1802150	细胞免疫学	
1802160	细胞病理学	
1802170	膜生物学	

代码	学科名称	说明
1802180	干细胞生物学	
1802199	细胞生物学其他学科	
18022	免疫学	
1802210	分子免疫学	
	细胞免疫学	见 1802150
	肿瘤免疫学	见 3206710
	免疫病理学	见 3104440
1802215	免疫治疗学	
1802220	疫苗学	
	免疫遗传学	见 1803155
	人体免疫学	见 31034
1802299	免疫学其他学科	
18024	生理学	
1802411	形态生理学	
1802414	新陈代谢与营养生理学	
1802417	心血管生理学	
1802421	呼吸生理学	
1802424	消化生理学	
1802427	血液生理学	
1802431	泌尿生理学	
1802434	内分泌生理学	
1802437	感官生理学	
1802441	生殖生理学	
1802444	骨骼生理学	
1802447	肌肉生理学	
1802451	皮肤生理学	
1802454	循环生理学	
1802457	比较生理学	
1802461	年龄生理学	
1802464	特殊环境生理学	
1802467	语言生理学	

代码	学科名称	说明
1802499	生理学其他学科	
18027	发育生物学	
	动物发育生物学	见 1805737
	植物发育生物学	见 1805150
1802710	比较发育生物学	
1802720	演化发育生物学	
1802730	繁殖生物学	
1802799	发育生物学其他学科	
	古生物学	见 1705041
18031	遗传学	
1803110	数量遗传学	
1803115	生化遗传学	
1803120	细胞遗传学	
1803125	体细胞遗传学	
1803130	发育遗传学	亦称发生遗传学
1803135	分子遗传学	
1803140	辐射遗传学	
1803145	进化遗传学	
1803150	生态遗传学	
1803155	免疫遗传学	
1803160	毒理遗传学	
1803165	行为遗传学	
1803170	群体遗传学	
1803175	表观遗传学	
1803199	遗传学其他学科	
18034	放射生物学	
1803410	放射生物物理学	
1803420	细胞放射生物学	
1803430	放射生理学	
1803440	分子放射生物学	
1803450	放射免疫学	

续表

代码	学科名称	说明
1803460	放射毒理学	
1803499	放射生物学其他学科	
18037	分子生物学	
1803710	基因组学	包括结构基因组学、营养基因组学
1803720	核糖核酸组学	
1803730	蛋白质组学	
1803740	代谢组学	
1803750	生物信息学	
1803799	分子生物学其他学科	
18039	专题生物学研究	
1803910	水生生物学	
1803920	保护生物学	
1803930	计算生物学	
1803940	营养生物学	包括生化营养学、动物营养学、植物营养学、微生物营养学等
1803999	专题生物学研究其他学科	
18041	生物进化论	
18044	生态学	
1804410	数学生态学	
1804415	化学生态学	
1804420	生理生态学	
1804421	进化生态学	
1804422	分子生态学	
1804423	行为生态学	
1804425	生态毒理学	
1804430	区域生态学	
1804435	种群生态学	
1804440	群落生态学	
1804445	生态系统生态学	
1804450	生态工程学	
1804455	恢复生态学	

代码	学科名称	说明
1804460	景观生态学	
1804465	水生生态学与湖泊生态学	
	海洋生态学	见 1706065
1804499	生态学其他学科	
18047	神经生物学	
1804710	神经生物物理学	
1804715	神经生物化学	
1804720	神经形态学	
1804725	细胞神经生物学	
1804730	神经生理学	
1804735	发育神经生物学	
1804740	分子神经生物学	
1804745	比较神经生物学	
1804750	系统神经生物学	
1804799	神经生物学其他学科	
18051	植物学	
1805110	植物化学	
1805115	植物生物物理学	
1805120	植物生物化学	
1805125	植物形态学	
1805130	植物解剖学	
1805135	植物细胞学	
1805140	植物生理学	包括植物营养学
1805145	植物生殖生物学	原名为"植物胚胎学"
1805150	植物发育学	包括植物孢粉学
1805155	植物遗传学	
1805156	植物引种驯化	
1805160	植物生态学	
	植物病理学	见 2106020
1805165	植物地理学	
1805170	植物群落学	

代码	学科名称	说明
1805175	植物分类学	
1805180	实验植物学	
1805181	民族植物学	
1805185	植物寄生虫学	
1805199	植物学其他学科	
18054	昆虫学	
1805410	昆虫生物化学	
1805415	昆虫形态学	
1805420	昆虫组织学	
1805425	昆虫生理学	
1805430	昆虫生态学	
1805435	昆虫病理学	
1805440	昆虫毒理学	
1805445	昆虫行为学	
1805450	昆虫分类学	
1805455	实验昆虫学	
1805460	昆虫病毒学	
1805499	昆虫学其他学科	
18057	动物学	
1805711	动物生物物理学	
1805714	动物生物化学	
1805717	动物形态学	
1805721	动物解剖学	
1805724	动物组织学	
1805727	动物细胞学	
1805731	动物生理学	
1805734	动物生殖生物学	包括动物繁殖学
1805737	动物生长发育学	包括动物胚胎学
1805741	动物遗传学	
1805744	动物生态学	
1805747	动物病理学	

代码	学科名称	说明
1805751	动物行为学	含动物驯化学
1805754	动物地理学	含昆虫生物地理学
1805757	动物分类学	
1805761	实验动物学	
1805764	动物寄生虫学	
1805767	动物病毒学	
1805799	动物学其他学科	
18061	微生物学	
1806110	微生物生物化学	
1806115	微生物生理学	
1806120	微生物遗传学	
1806125	微生物生态学	
1806130	微生物免疫学	
1806135	微生物分类学	
1806140	真菌学	
1806145	细菌学	
1806150	应用与环境微生物学	具体应用入有关学科。原名为"应用微生物学"
1806199	微生物学其他学科	
18064	病毒学	
1806405	普通病毒学	
1806410	病毒生物化学	
1806420	分子病毒学	
1806430	病毒生态学	
1806440	病毒分类学	
1806450	噬菌体学	
	植物病毒学	见 2106035
	昆虫病毒学	见 1805460
	动物病毒学	见 1805767
1806460	医学病毒学	
1806499	病毒学其他学科	

续表

代码	学科名称	说明
18067	人类学	
1806710	人类起源与演化学	
1806715	人类形态学	
1806720	人类遗传学	
1806725	分子人类学	
1806730	人类生态学	亦称"人文生态学"
1806735	心理人类学	
1806740	古人类学	
1806745	人种学	
1806750	人体测量学	
1806799	人类学其他学科	
18099	生物学其他学科	
190	**心理学**	
19050	生理心理学	
1905010	感觉心理学	
1905020	比较心理学	
1905030	心理神经免疫学	
1905040	心理药理学	
1905099	生理心理学其他学科	
210	**农学**	
21020	农业基础学科	
2102030	农业生物物理学	
2102040	农业生物化学	
2102050	农业生态学	
2102060	农业植物学	
2102070	农业微生物学	
2102080	植物营养学	
2102099	农业基础学科其他学科	
21050	土壤学	
2105025	土壤生物学	
21060	植物保护学	

续表

代码	学科名称	说明
2106010	植物检疫学	
2106015	植物免疫学	
2106020	植物病理学	
2106025	植物药理学	
2106030	农业昆虫学	
2106035	植物病毒学	
2106036	植物真菌学	
2106037	植物细菌学	
2106038	植物线虫学	
2106040	农药学	
2106045	有害生物监测预警	原名为"植物病虫害测报学"
2106050	抗病虫害育种	
2106055	有害生物化学防治	
2106060	有害生物生物防治	
2106065	有害生物综合防治	
2106066	有害生物生态调控	
2106067	农业转基因生物安全学	
2106099	植物保护学其他学科	
220	**林学**	
22015	林木遗传育种学	
2201510	林木育种学	
2201520	林木遗传学	
2201599	林木遗传育种学其他学科	
22030	森林保护学	
2203010	森林病理学	
2203020	森林昆虫学	
230	**畜牧、兽医科学**	
23010	畜牧、兽医科学基础学科	
2301010	家畜生物化学	
2301020	家畜生理学	
2301030	家畜遗传学	

代码	学科名称	说明
2301040	家畜生态学	
2301050	家畜微生物学	
2301099	畜牧、兽医科学基础学科其他学科	
23020	畜牧学	
2302005	农业动物资源学	
2302010	家畜遗传育种学	原名为"家畜育种学"
2302015	家畜繁殖学	见1805734
2302020	动物营养学	
2302025	饲料学	
23030	兽医学	
2303005	预防兽医学	
2303006	兽医病原学	
2303007	兽医流行学	
2303010	家畜解剖学与组织学	原名为"家畜解剖学"
	家畜生理学	见2301020
2303015	家畜组织胚胎学	
2303016	动物分子病原学	
2303020	兽医免疫学	
2303025	家畜病理学	亦称兽医病理学
2303030	兽医药理学与毒理学	原名为"兽医药理学"
2303035	兽医临床学	
2303040	兽医卫生检疫学	
2303045	家畜寄生虫学	
2303050	家畜传染病学	
2303055	家畜病毒学	
240	**水产学**	
24010	水产学基础学科	
2401033	水产遗传育种学	
310	**基础医学**	
31011	医学生物化学	
31014	人体解剖学	

代码	学科名称	说明
3101410	系统解剖学	
3101420	局部解剖学	
3101499	人体解剖学其他学科	
31017	医学细胞生物学	
31021	人体生理学	
31024	人体组织胚胎学	
31027	医学遗传学	
31031	放射医学	
31034	人体免疫学	
31037	医学寄生虫学	
3103710	医学寄生虫免疫学	
3103720	医学昆虫学	
3103730	医学蠕虫学	
3103740	医学原虫学	
3103799	医学寄生虫学其他学科	
31041	医学微生物学	
	医学病毒学	见 1806460
31044	病理学	
3104410	病理生物学	
3104420	病理解剖学	
3104430	病理生理学	
3104440	免疫病理学	
3104450	实验病理学	
3104460	比较病理学	
3104470	系统病理学	
3104480	环境病理学	
3104485	分子病理学	
3104499	病理学其他学科	
31047	药理学	
3104710	基础药理学	
3104720	临床药理学	

代码	学科名称	说明
3104730	生化药理学	
3104740	分子药理学	
3104750	免疫药理学	
3104799	药理学其他学科	
31051	医学实验动物学	
	医学心理学	见 195040
320	**临床医学**	
32011	临床诊断学	
3201110	症状诊断学	
3201120	物理诊断学	
3201130	机能诊断学	
3201140	医学影像学	包括放射诊断学、同位素诊断学、超声诊断学等
3201150	临床放射学	
3201160	实验诊断学	
3201199	临床诊断学其他学科	
32014	保健医学	
3201410	康复医学	
3201420	运动医学	包括力学运动医学等
3201430	老年医学	包括老年基础医学和老年临床医学
3201499	保健医学其他学科	
32017	理疗学	
32021	麻醉学	
3202110	麻醉生理学	
3202120	麻醉药理学	
3202130	麻醉应用解剖学	
3202199	麻醉学其他学科	
32024	内科学	
3202410	心血管病学	
3202415	呼吸病学	
3202420	结核病学	

续表

代码	学科名称	说明
3202425	消化病学	原名为"胃肠病学"
3202430	血液病学	
3202435	肾脏病学	
3202440	内分泌病学与代谢病学	原名为"内分泌学"
3202445	风湿病学与自体免疫病学	
3202450	变态反应学	
3202455	感染性疾病学	
3202460	传染病学	代码原为 33024
3202499	内科学其他学科	
32027	外科学	
3202710	普通外科学	
3202715	显微外科学	
3202720	神经外科学	
3202725	颅脑外科学	
3202730	胸外科学	
3202735	心血管外科学	
3202740	泌尿外科学	
3202745	骨外科学	
3202750	烧伤外科学	
3202755	整形外科学	
3202760	器官移植外科学	
3202765	实验外科学	
3202770	小儿外科学	包括小儿普通外科学、小儿骨外科学、小儿胸外科学、小儿心血管外科学、小儿烧伤外科学、小儿整形外科学、小儿神经外科学、新生儿外科学等
3202799	外科学其他学科	
32031	妇产科学	
3203110	妇科学	
3203120	产科学	
3203130	围产医学	亦称围生医学

续表

代码	学科名称	说明
3203140	助产学	
3203150	胎儿学	
3203160	妇科产科手术学	
3203199	妇产科学其他学科	
32034	儿科学	
	小儿外科学	见 3202770
3203410	小儿内科学	
3203499	儿科学其他学科	
32037	眼科学	
32041	耳鼻咽喉科学	
32044	口腔医学	
3204410	口腔解剖生理学	
3204415	口腔组织学与口腔病理学	
3204420	口腔材料学	
3204425	口腔影像诊断学	
3204430	口腔内科学	
3204435	口腔颌面外科学	
3204440	口腔矫形学	
3204445	口腔正畸学	
3204450	口腔病预防学	
3204499	口腔医学其他学科	
32047	皮肤病学	
32051	性医学	
32054	神经病学	
32057	精神病学	包括精神卫生及行为医学等
32058	重症医学	
32061	急诊医学	
32064	核医学	含放射治疗学
32065	全科医学	
32067	肿瘤学	
3206710	肿瘤免疫学	

续表

代码	学科名称	说明
3206720	肿瘤病因学	
3206730	肿瘤病理学	
3206740	肿瘤诊断学	
3206750	肿瘤治疗学	
3206760	肿瘤预防学	
3206770	实验肿瘤学	
3206799	肿瘤学其他学科	
32071	护理学	
3207110	基础护理学	
3207120	专科护理学	
3207130	特殊护理学	
3207140	护理心理学	
3207150	护理伦理学	
3207160	护理管理学	
3207199	护理学其他学科	
32099	临床医学其他学科	
330	**预防医学与公共卫生学**	原名为"预防医学与卫生学"
33011	营养学	
33014	毒理学	
33017	消毒学	
33021	流行病学	
33027	媒介生物控制学	
33031	环境医学	亦称环境卫生学
33034	职业病学	
33037	地方病学	
33035	热带医学	
33041	社会医学	
33044	卫生检验学	
33047	食品卫生学	
33051	儿少与学校卫生学	原名为"儿少卫生学"
33054	妇幼卫生学	

代码	学科名称	说明
33057	环境卫生学	
33061	劳动卫生学	
33064	放射卫生学	
33067	卫生工程学	
33072	卫生统计学	原代码为 9104030
	计划生育学	见 8407170
33074	优生学	
33077	健康促进与健康教育学	原名为"健康促进与健康教育学"
33081	卫生管理学	
3308110	卫生监督学	
3308120	卫生政策学	
	卫生法学	见 8203072
3308130	卫生信息管理学	
3308199	卫生管理学其他学科	
33099	预防医学与公共卫生学其他学科	
340	**军事医学与特种医学**	
34010	军事医学	
3401010	野战外科学和创伤外科学	原名为"野战外科学"
3401015	军队流行病学	
3401020	军事环境医学	
3401025	军队卫生学	
3401030	军队卫生装备学	
3401035	军事人机工效学	
3401040	核武器医学防护学	
3401045	化学武器医学防护学	
3401050	生物武器医学防护学	
3401055	激光与微波医学防护学	
3401099	军事医学其他学科	
34020	特种医学	
3402010	航空航天医学	
3402020	潜水医学	

续表

代码	学科名称	说明
3402030	航海医学	
3402040	法医学	
3402050	高压氧医学	
3402099	特种医学其他学科	
34099	军事医学与特种医学其他学科	
350	**药学**	
35010	药物化学	包括天然药物化学等
35020	生物药物学	
35025	微生物药物学	
35030	放射性药物学	
35035	药剂学	
35040	药效学	
	医药工程	见 5306410
35045	药物管理学	
35050	药物统计学	
35099	药学其他学科	
360	**中医学与中药学**	
36010	中医学	
3601011	中医基础理论	包括经络学等
3601014	中医诊断学	
3601017	中医内科学	
3601021	中医外科学	
3601024	中医骨伤科学	
3601027	中医妇科学	
3601031	中医儿科学	
3601034	中医眼科学	
3601037	中医耳鼻咽喉科学	
3601041	中医口腔科学	
3601044	中医老年病学	
3601047	针灸学	包括针刺镇痛与麻醉等
3601051	按摩推拿学	

续表

代码	学科名称	说明
3601054	中医养生康复学	包括气功研究等
3601057	中医护理学	
3601061	中医食疗学	
3601064	方剂学	
3601067	中医文献学	包括难经、内经、伤寒论、金匮要略、腧穴学等
3601099	中医学其他学科	
36020	民族医学	
3602010	藏医药学	
3602020	蒙医药学	
3602030	维吾尔医药学	
3602040	民族草药学	
3602099	民族医学其他学科	
36030	中西医结合医学	
3603010	中西医结合基础医学	
3603020	中西医结合医学导论	
3603030	中西医结合预防医学	
3603040	中西医结合临床医学	
3603050	中西医结合护理学	
3603060	中西医结合康复医学	
3603070	中西医结合养生保健医学	
3603099	中西医结合医学其他学科	
36040	中药学	
3604010	中药化学	
3604015	中药药理学	
3604020	本草学	
3604025	药用植物学	
3604030	中药鉴定学	
3604035	中药炮制学	
3604040	中药药剂学	
3604045	中药资源学	

代码	学科名称	说明
3604050	中药管理学	
3604099	中药学其他学科	
36099	中医学与中药学其他学科	
416	**自然科学相关工程与技术**	
41640	生物工程	亦称生物技术。代码原为 18071
4164010	基因工程	亦称遗传工程。代码原为 1807110
4164015	细胞工程	代码原为 1807120
4164020	蛋白质工程	代码原为 1807130
4164025	代谢工程	
4164030	酶工程	代码原为 1807140
4164040	发酵工程	亦称微生物工程。代码原为 1807150
4164045	生物传感技术	
4164050	纳米生物分析技术	
4164099	生物工程其他学科	代码原为 1807199
41660	生物医学工程学	代码原为 31061
4166010	生物医学电子学	代码原为 3106110
4166020	临床工程学	代码原为 3106120
4166030	康复工程学	代码原为 3106130
4166040	生物医学测量学	代码原为 3106140
4166050	人工器官与生物医学材料学	代码原为 3106150
4166060	干细胞与组织工程学	
4166070	医学成像技术	
4166099	生物医学工程学其他学科	代码原为 3106199
430	**材料科学**	
43055	复合材料	
4305550	生物复合材料	
43060	生物材料	
4306010	组织工程材料	
4306020	医学工程材料	
4306030	环境友好材料	
4306099	生物材料其他学科	

代码	学科名称	说明
450	**冶金工程技术**	
45030	冶金技术	
4503050	微生物冶金	
470	**动力与电气工程**	
47040	电气工程	
4704075	生物与医学电工技术	
480	**能源科学技术**	
48060	一次能源	
4806060	生物能	
530	**化学工程**	
53024	化学反应工程	
5302450	生化反应工程	
53064	制药工程	
5306410	医药工程	
5306420	农药工程	
5306430	兽药工程	
5306499	制药工程其他学科	
53067	生物化学工程	
550	**食品科学技术**	
55010	食品科学技术基础学科	
5501010	食品化学	原名为"食品生物化学"
5501020	食品营养学	
5501030	食品检验学	
5501035	食品微生物学	
5501040	食品生物技术	
5501045	谷物化学	
5501050	油脂化学	
5501099	食品科学技术基础学科其他学科	
610	**环境科学技术及资源科学技术**	原名为"环境科学技术"
61010	环境科学技术基础学科	
6101020	环境生物学	

续表

代码	学科名称	说明
6101035	环境生态学	
6101040	环境毒理学	
	环境医学	见 33031
620	**安全科学技术**	
62025	安全人体学	
6202510	安全生理学	
6202520	安全心理学	代码原为 6202020
6202530	安全人机学	代码原为 6202040
6202599	安全人体学其他学科	
720	**哲学**	
72045	伦理学	
7204540	医学伦理学	
7204560	生命伦理学	

附录 C　生物技术人力资源调研机构目录

机构类型	所在地	序号	单位名称	反馈
高等院校	北京	1	北京大学	*
		2	清华大学	
		3	北京师范大学	*
		4	北京工业大学	
		5	北京中医药大学	*
		6	中央民族大学	
	天津	7	南开大学	*
		8	天津大学	
		9	天津医科大学	*
		10	天津中医药大学	*
		11	灾难医学研究院	*
	河北	12	华北电力大学	*
		13	河北工业大学	
	山西	14	太原理工大学	*
	内蒙古	15	内蒙古大学	*
	辽宁	16	大连理工大学	*
		17	大连海事大学	*
		18	东北大学	*
		19	辽宁大学	*
	吉林	20	吉林大学	*
		21	东北师范大学	*
		22	延边大学	*
	黑龙江	23	哈尔滨工业大学	
		24	哈尔滨工程大学	
		25	东北林业大学	
		26	东北农业大学	

续表

机构类型	所在地	序号	单位名称	反馈
高等院校	上海	27	复旦大学	
		28	上海交通大学	*
		29	同济大学	*
		30	华东师范大学	*
		31	华东理工大学	*
		32	上海大学	
		33	东华大学	*
		34	中国人民解放军海军军医大学	*
		35	上海海洋大学	*
		36	上海中医药大学	*
	江苏	37	南京大学	*
		38	东南大学	
		39	南京理工大学	*
		40	南京师范大学	*
		41	河海大学	*
		42	南京航空航天大学	*
		43	中国药科大学	
		44	南京农业大学	*
		45	南京林业大学	*
		46	南京中医药大学	*
		47	苏州大学	
		48	江南大学	*
	浙江	49	浙江大学	*
	安徽	50	中国科学技术大学	*
		51	合肥工业大学	*
		52	安徽大学	*
	福建	53	厦门大学	
		54	福州大学	*
	江西	55	南昌大学	*
	山东	56	山东大学	*
		57	中国海洋大学	*

续表

机构类型	所在地	序号	单位名称	反馈
高等院校	河南	58	郑州大学	*
		59	河南大学	*
	湖北	60	武汉大学	*
		61	华中科技大学	*
		62	华中农业大学	*
		63	华中师范大学	*
		64	武汉理工大学	*
		65	湖北中医药大学	*
		66	三峡大学	*
	湖南	67	湖南大学	*
		68	湖南师范大学	*
		69	中南大学	*
		70	国防科学技术大学	
	广东	71	中山大学	
		72	华南理工大学	*
		73	暨南大学	
		74	华南师范大学	
		75	广州中医药大学	
	广西	76	广西大学	*
	海南	77	海南大学	
	重庆	78	重庆大学	
		79	西南大学	
	四川	80	四川大学	
		81	西南交通大学	
		82	电子科技大学	*
		83	成都中医药大学	*
		84	四川农业大学	*
	贵州	85	贵州大学	*
	云南	86	云南大学	*
	西藏	87	西藏大学	*

续表

机构类型	所在地	序号	单位名称	反馈
高等院校	陕西	88	西安交通大学	
		89	西北工业大学	*
		90	西安电子科技大学	*
		91	西北大学	*
		92	陕西师范大学	*
		93	长安大学	*
		94	中国人民解放军空军军医大学	
		95	西北农林科技大学	*
	甘肃	96	兰州大学	*
	宁夏	97	宁夏大学	*
	青海	98	青海大学	*
	新疆	99	新疆大学	*
		100	石河子大学	*
科研院所	北京	101	国家纳米科学中心	*
		102	农业部食物与营养发展研究所	*
		103	中国科学院北京基因组研究所	*
		104	中国科学院动物研究所	*
		105	中国科学院生物物理研究所	*
		106	中国科学院微生物研究所	*
		107	中国科学院心理研究所	*
		108	中国科学院遗传与发育生物学研究所	*
		109	中国科学院植物研究所	*
		110	中国农业科学院北京畜牧兽医研究所	*
		111	中国农业科学院蔬菜花卉研究所	*
		112	中国农业科学院植物保护研究所	*
	天津	113	天津国际生物医药联合研究院	*
		114	天津实发中科百奥工业生物技术有限公司	*
		115	天津药物研究院有限公司	*
		116	中国科学院天津工业生物技术研究所	*
	河北	117	河北省科学院生物研究所	*
		118	河北省农林科学院	*
		119	河北省微生物研究所	*

续表

机构类型	所在地	序号	单位名称	反馈
科研院所	山西	120	山西省农业科学院玉米研究所	*
		121	山西省农业科学院作物科学研究所	*
		122	山西省生物研究所	*
	内蒙古	123	内蒙古自治区农牧业科学院	*
		124	内蒙古自治区生物技术研究院	*
	辽宁	125	中国农业科学院果树研究所	*
	吉林	126	吉林省人参科学研究院	*
		127	吉林省中医药科学院	*
	黑龙江	128	中国农业科学院哈尔滨兽医研究所	*
	上海	129	上海人类基因组研究中心（国家人类基因组南方研究中心）	*
		130	上海生物信息技术研究中心	*
		131	上海市计划生育科学研究所	*
		132	中国科学院上海巴斯德研究所	*
		133	中国科学院上海生命科学研究院植物生理生态研究所	*
		134	中国科学院上海药物研究所	*
		135	中国科学院上海营养与健康研究院	*
		136	中国科学院神经科学研究所	*
		137	中国科学院生物化学与细胞生物学研究所	*
	江苏	138	江苏省海洋水产研究所	
		139	江苏省疾病预防控制中心（江苏省公共卫生研究院）	*
		140	江苏省家禽科学研究所	*
		141	江苏省检验检疫科学技术研究院	*
		142	江苏省林业科学研究院	*
		143	江苏省原子医学研究所	*
		144	江苏省中医药研究院	
		145	中国科学院苏州生物医学工程技术研究所	*
		146	中国农业遗产研究室	*
	浙江	147	浙江省疾病预防控制中心	*
		148	浙江省医学科学院	*
		149	中国水稻研究所	*

续表

机构类型	所在地	序号	单位名称	反馈
科研院所	安徽	150	安徽省科学技术研究院	*
		151	安徽省农业科学院	*
		152	安徽省食品药品检验研究院	*
		153	安徽省医学科学研究院	*
		154	中国科学技术大学先进技术研究院	*
	福建	155	福建省农业科学院生物技术研究所	*
		156	福建省微生物研究所	*
		157	福建省医学科学研究院	
	江西	158	江西省农业科学院	*
		159	江西省药品检验检测研究院	*
		160	江西省医疗器械检测中心（江西省药物研究所）	*
		161	江西省医学科学院	*
	山东	162	青岛海洋地质研究所	
		163	山东省科学院	*
		164	山东省农业科学院	*
		165	山东省药学科学院	*
		166	山东省医学科学院	*
		167	山东省中医药研究院	*
		168	中国科学院青岛生物能源与过程研究所	*
		169	中国水产科学研究院黄海水产研究所	*
	河南	170	中国农业科学院郑州果树研究所	*
	湖北	171	湖北省农业科学院	
		172	湖北省食品质量安全监督检验研究院	*
		173	湖北省医药工业研究院有限公司	*
		174	湖北省中医药研究院	*
		175	中国科学院水生生物研究所	*
		176	中国科学院武汉病毒研究所	*
		177	中国科学院武汉植物园	*
	湖南	178	中国科学院亚热带农业生态研究所	*
		179	中国农业科学院麻类研究所	*

续表

机构类型	所在地	序号	单位名称	反馈
科研院所	广东	180	广东省农业科学院	*
		181	中国科学院广州生物医药与健康研究院	*
		182	中国科学院华南植物园	*
		183	中国科学院深圳先进技术研究院	*
	广西	184	广西壮族自治区中国科学院广西植物研究所	*
		185	广西壮族自治区中医药研究院	*
	海南	186	海南省林业科学研究所	*
		187	海南省农业科学院	*
		188	海南省药品检验所	*
		189	海南省药物研究所	*
	重庆	190	重庆市畜牧科学院	*
		191	重庆市科学技术研究院	
		192	重庆市人口和计划生育科学技术研究院	*
		193	重庆市药物种植研究所	*
		194	重庆市中药研究院	*
	四川	195	四川省农业科学院	*
		196	中国科学院成都生物研究所	*
	云南	197	云南省林业科学院	*
		198	云南省农业科学院	*
		199	中国科学院昆明动物研究所	*
		200	中国科学院昆明植物研究所	*
		201	中国科学院西双版纳热带植物园	*
		202	中国林业科学研究院资源昆虫研究所	*
	西藏	203	西藏自治区农牧科学院草业科学研究所	
		204	西藏自治区农牧科学院畜牧兽医研究所	
		205	西藏自治区农牧科学院农业资源与环境研究所	*
		206	西藏自治区农牧科学院蔬菜研究所	*
	新疆	207	新疆畜牧科学院	*
		208	新疆农业科学院	*
	甘肃	209	中国农业科学院兰州兽医研究所	*
	青海	210	中国科学院西北高原生物研究所	*

续表

机构类型	所在地	序号	单位名称	反馈
医疗机构	北京	211	北京大学第三医院	*
		212	北京大学口腔医院	*
		213	北京医院	*
		214	首都医科大学附属北京安定医院	*
		215	首都医科大学附属北京儿童医院	*
		216	首都医科大学附属北京天坛医院	*
		217	中国人民解放军总医院第一附属医院	*
		218	中国医学科学院北京协和医院	
		219	中国医学科学院阜外医院	*
		220	中国医学科学院肿瘤医院	
	天津	221	南开大学附属南开医院	
		222	天津市第一中心医院	*
		223	天津医科大学代谢病医院	*
		224	天津医科大学第二医院	*
		225	天津医科大学口腔医院	*
		226	天津医科大学眼科医院	*
		227	天津医科大学肿瘤医院	*
		228	天津医科大学总医院	*
		229	天津中医药大学第二附属医院	*
		230	天津中医药大学第一附属医院	*
	河北	231	河北医科大学第三医院	*
		232	河北医科大学第四医院	*
		233	河北医科大学第一医院	*
	山西	234	山西大医院（山西医学科学院）	*
		235	山西省人民医院	*
		236	山西省肿瘤医院	*
		237	山西医科大学第二医院	*
		238	山西医科大学第一医院	*
	内蒙古	239	包头市中心医院	*
		240	内蒙古科技大学包头医学院第一附属医院	
		241	内蒙古医科大学附属医院	*
		242	内蒙古自治区人民医院	*

续表

机构类型	所在地	序号	单位名称	反馈
医疗机构	辽宁	243	大连医科大学附属第二医院	*
		244	大连医科大学附属第一医院	*
		245	中国医科大学附属第四医院	
		246	中国医科大学附属第一医院	*
	吉林	247	吉林省人民医院	*
		248	吉林省中医药科学院第一临床医院	*
		249	吉林省肿瘤医院	*
		250	长春中医药大学附属医院	*
	上海	251	上海市皮肤病医院	*
	江苏	252	苏州大学附属第一医院	*
	浙江	253	宁波市第二医院	*
		254	浙江大学医学院附属第二医院	*
		255	浙江大学医学院附属第一医院	*
		256	浙江大学医学院附属邵逸夫医院	*
		257	浙江省人民医院	*
		258	浙江中医药大学附属第一医院	*
	安徽	259	安徽医科大学第一附属医院	*
		260	蚌埠医学院第一附属医院	*
		261	皖南医学院弋矶山医院	*
	福建	262	福建医科大学附属第一医院	*
		263	福建医科大学附属协和医院	*
	江西	264	赣南医学院第一附属医院	*
		265	江西省儿童医院	*
		266	江西省妇幼保健院	*
		267	江西省人民医院	*
		268	江西省肿瘤医院	*
		269	南昌大学第二附属医院	*
		270	南昌大学第三附属医院	*
		271	南昌大学第四附属医院	*
		272	南昌大学第一附属医院	*

续表

机构类型	所在地	序号	单位名称	反馈
医疗机构	山东	273	山东省立医院	*
		274	山东省千佛山医院	*
		275	山东中医药大学附属医院	*
	河南	276	河南省传染病医院	*
		277	河南省洛阳正骨医院（河南省骨科医院）	*
		278	河南省人民医院	*
		279	河南省胸科医院	*
		280	河南省肿瘤医院	*
		281	新乡医学院第二附属医院	*
	湖北	282	三峡大学第一临床医学院	*
		283	湖北省妇幼保健院	*
		284	湖北省中医院	*
		285	湖北省肿瘤医院	*
		286	华中科技大学同济医学院附属梨园医院	*
		287	华中科技大学同济医学院附属同济医院	*
		288	华中科技大学同济医学院附属协和医院	*
		289	武汉市第三医院	*
		290	中国人民解放军广州军区武汉总医院	*
	湖南	291	湖南省妇幼保健院	*
		292	湖南省肿瘤医院	
		293	南华大学附属第一医院	*
	广东	294	南方医科大学珠江医院	*
		295	深圳市人民医院	*
	广西	296	广西医科大学第一附属医院	*
		297	广西中医药大学第一附属医院	*
		298	广西壮族自治区妇幼保健院	*
		299	广西壮族自治区人民医院	*
		300	贵港市人民医院	*
		301	桂林医学院附属医院	*
		302	右江民族医学院附属医院	*
	海南	303	海南省人民医院	*

机构类型	所在地	序号	单位名称	反馈
医疗机构	重庆	304	陆军军医大学第三附属医院（野战外科研究所）	*
		305	陆军军医大学第一附属医院	
		306	重庆医科大学附属第二医院	*
		307	重庆医科大学附属第一医院	
	贵州	308	贵州省人民医院	*
		309	遵义医学院附属医院	
	云南	310	云南省肿瘤医院（昆明医科大学第三附属医院）	*
	西藏	311	拉萨市人民医院	*
	陕西	312	陕西省中医医院	
		313	西安市儿童医院	*
		314	西安市红会医院	*
		315	西北妇女儿童医院	*
	宁夏	316	宁夏回族自治区中医医院暨中医研究院	*
		317	宁夏医科大学总医院	*
	青海	318	青海红十字医院	*
		319	青海省人民医院	*
	新疆	320	新疆维吾尔自治区人民医院	*

*：为对调查问卷进行了反馈的机构，共276家。

附录 D　中国科学院和中国工程院生物技术领域院士名单

入选时间	机构	学部	序号	姓名
1980 年	中国科学院	生命科学和医学学部	1	梁栋材
1991 年			2	沈善炯
			3	沈允钢
			4	陈可冀
			5	陈宜瑜
			6	陈子元
			7	洪德元
			8	鞠躬
			9	李振声
			10	刘新垣
			11	毛江森
			12	强伯勤
			13	施教耐
			14	石元春
			15	孙曼霁
			16	唐崇惕
			17	田波
			18	吴孟超
			19	谢联辉
			20	杨福愉
			21	杨雄里
			22	姚开泰
			23	尹文英
			24	翟中和
			25	张新时
			26	庄巧生

入选时间	机构	学部	序号	姓名
1993 年	中国科学院	生命科学和医学学部	27	曾毅
			28	韩济生
			29	卢永根
			30	孙儒泳
			31	王文采
			32	吴祖泽
			33	朱兆良
1994 年	中国工程院	农业学部	34	石元春
			35	王明庥
		医药卫生学部	36	巴德年
			37	曾溢滔
			38	顾健人
			39	顾玉东
			40	侯云德
			41	胡亚美
			42	胡之璧
			43	刘玉清
			44	秦伯益
			45	汤钊猷
			46	王振义
			47	王正国
			48	肖碧莲
			49	肖培根
1995 年		农业学部	50	方智远
			51	傅廷栋
			52	管华诗
			53	马建章
			54	任继周
			55	山仑
			56	沈国舫
			57	石玉林

续表

入选时间	机构	学部	序号	姓名
1995 年	中国工程院	农业学部	58	汪懋华
			59	向仲怀
			60	袁隆平
			61	赵法箴
	中国科学院	生命科学和医学学部	62	陈竺
			63	陈宜张
			64	匡廷云
			65	李季伦
			66	唐守正
			67	吴常信
			68	印象初
			69	张春霆
1996 年	中国工程院	医药卫生学部	70	陈亚珠
			71	程天民
			72	洪涛
			73	侯惠民
			74	黎介寿
			75	刘德培
			76	卢世璧
			77	陆道培
			78	彭司勋
			79	盛志勇
			80	吴咸中
			81	姚新生
			82	钟南山
			83	朱晓东
1997 年		农业学部	84	范云六
			85	蒋亦元
			86	李文华
			87	林浩然
			88	张子仪

续表

入选时间	机构	学部	序号	姓名
1997 年	中国工程院	医药卫生学部	89	陈灏珠
			90	池志强
			91	阮长耿
			92	沈倍奋
			93	沈渔邨
			94	王琳芳
			95	王永炎
			96	杨胜利
			97	张金哲
			98	赵铠
			99	甄永苏
			100	钟世镇
	中国科学院	生命科学和医学学部	101	曹文宣
			102	韩启德
			103	洪国藩
			104	陆士新
			105	沈自尹
			106	施蕴渝
			107	王志新
			108	魏江春
			109	许智宏
			110	朱作言
1999 年	中国工程院	农业学部	111	侯锋
			112	刘守仁
			113	宋湛谦
			114	唐启升
			115	吴明珠
			116	徐洵
		医药卫生学部	117	陈洪铎
			118	陈冀胜
			119	程书钧

入选时间	机构	学部	序号	姓名
1999 年	中国工程院	医药卫生学部	120	高润霖
			121	郭应禄
			122	刘彤华
			123	桑国卫
			124	石学敏
			125	孙燕
			126	王威琪
			127	闻玉梅
			128	夏家辉
			129	于德泉
			130	俞梦孙
	中国科学院	生命科学和医学学部	131	蒋有绪
			132	孔祥复
			133	李朝义
			134	刘以训
			135	裴钢
			136	戚正武
			137	苏国辉
			138	张启发
			139	郑儒永
			140	周俊
2001 年	中国工程院	农业学部	141	戴景瑞
			142	盖钧镒
			143	官春云
			144	束怀瑞
			145	孙九林
		医药卫生学部	146	樊代明
			147	李春岩
			148	刘耀
			149	邱蔚六
			150	唐希灿

入选时间	机构	学部	序号	姓名
2001 年	中国工程院	医药卫生学部	151	吴天一
			152	谢立信
			153	俞永新
			154	张运
			155	张心湜
			156	郑树森
			157	庄辉
	中国科学院	生命科学和医学学部	158	陈文新
			159	贺福初
			160	金国章
			161	李家洋
			162	梁智仁
			163	孙大业
			164	王志珍
			165	叶玉如
			166	张永莲
			167	张友尚
			168	郑守仪
2003 年	中国工程院	农业学部	169	陈焕春
			170	陈宗懋
			171	李佩成
			172	荣廷昭
			173	夏咸柱
			174	辛世文
		医药卫生学部	175	陈赛娟
			176	戴尅戎
			177	郝希山
			178	李连达
			179	刘昌孝
			180	刘志红
			181	项坤三

续表

入选时间	机构	学部	序号	姓名
2003 年	中国科学院	生命科学和医学学部	182	陈霖
			183	方荣祥
			184	郭爱克
			185	林其谁
			186	刘允怡
			187	饶子和
			188	沈岩
			189	孙汉董
			190	魏于全
			191	张亚平
			192	郑光美
2005 年	中国工程院	农业学部	193	程顺和
			194	刘秀梵
			195	尹伟伦
		医药卫生学部	196	曹雪涛
			197	陈君石
			198	范上达
			199	李兰娟
			200	王红阳
			201	张伯礼
			202	周宏灏
	中国科学院	生命科学和医学学部	203	曾益新
			204	常文瑞
			205	陈晓亚
			206	邓子新
			207	方精云
			208	贺林
			209	童坦君
			210	汪忠镐
			211	王大成
			212	王恩多

续表

入选时间	机构	学部	序号	姓名
2005 年	中国科学院	生命科学和医学学部	213	王正敏
			214	赵国屏
2007 年	中国工程院	农业学部	215	邓秀新
			216	刘兴土
			217	颜龙安
			218	于振文
		医药卫生学部	219	陈香美
			220	陈肇隆
			221	陈志南
			222	李大鹏
			223	邱贵兴
			224	袁国勇
	中国科学院	生命科学和医学学部	225	陈润生
			226	段树民
			227	孟安明
			228	武维华
			229	谢华安
			230	杨焕明
			231	赵进东
2009 年	中国工程院	农业学部	232	陈温福
			233	李玉
			234	刘旭
			235	罗锡文
			236	麦康森
			237	南志标
			238	张改平
		医药卫生学部	239	程京
			240	丁健
			241	付小兵
			242	廖万清
			243	吴以岭

续表

入选时间	机构	学部	序号	姓名
2009 年	中国工程院	医药卫生学部	244	杨宝峰
			245	周良辅
	中国科学院	生命科学和医学学部	246	侯凡凡
			247	林鸿宣
			248	尚永丰
			249	隋森芳
			250	庄文颖
2011 年	中国工程院	农业学部	251	陈剑平
			252	康绍忠
			253	李坚
			254	吴孔明
			255	喻树迅
			256	朱有勇
		医药卫生学部	257	从斌
			258	郎景和
			259	沈祖尧
			260	王学浩
			261	徐建国
			262	于金明
			263	詹启敏
	中国科学院	生命科学和医学学部	264	葛均波
			265	黄路生
			266	康乐
			267	李林
			268	舒红兵
			269	张明杰
			270	张学敏
			271	赵玉沛
			272	朱玉贤
2013 年	中国工程院	农业学部	273	陈学庚
			274	李德发

续表

入选时间	机构	学部	序号	姓名
2013 年	中国工程院	农业学部	275	印遇龙
			276	赵振东
		医药卫生学部	277	韩德民
			278	韩雅玲
			279	胡盛寿
			280	林东昕
			281	王辰
			282	王广基
			283	夏照帆
	中国科学院	生命科学和医学学部	284	程和平
			285	高福
			286	桂建芳
			287	韩斌
			288	韩家淮
			289	赫捷
			290	施一公
			291	赵继宗
2015 年	中国工程院	农业学部	292	曹福亮
			293	金宁一
			294	李天来
			295	沈建忠
			296	宋宝安
			297	唐华俊
			298	万建民
			299	张洪程
			300	张新友
		医药卫生学部	301	高长青
			302	顾晓松
			303	黄璐琦
			304	李松
			305	宁光

入选时间	机构	学部	序号	姓名
2015 年	中国工程院	医药卫生学部	306	孙颖浩
			307	张志愿
	中国科学院	生命科学和医学学部	308	曹晓风
			309	陈国强
			310	陈孝平
			311	陈义汉
			312	金力
			313	李蓬
			314	邵峰
			315	宋微波
			316	王福生
			317	徐国良
			318	阎锡蕴
			319	张旭
			320	周琪
2017 年	中国工程院	农业学部	321	包振民
			322	蒋剑春
			323	康振生
			324	王汉中
			325	张福锁
			326	张守攻
			327	赵春江
			328	邹学校
		医药卫生学部	329	董家鸿
			330	李兆申
			331	马丁
			332	乔杰
			333	田志刚
			334	王锐
			335	张英泽

续表

入选时间	机构	学部	序号	姓名
2017 年	中国科学院	生命科学和医学学部	336	卞修武
			337	陈化兰
			338	陈晔光
			339	樊嘉
			340	顾东风
			341	黄荷凤
			342	季维智
			343	蒋华良
			344	刘耀光
			345	陆林
			346	魏辅文
			347	徐涛
			348	种康

注：按机构、学部、入选时间和姓名汉语拼音排序。

数据来源：中国科学院官方网站 http://www.casad.cas.cn/ 和中国工程院官方网站 http://www.cae.cn/。

附录 E　国家重点研发计划生物技术领域青年专项负责人名单

时间	专项名称	人员分类	项目编号	序号	姓名	专业	工作单位
2016年	干细胞及转化研究	项目负责人	2016YFA0101600	1	丁福森	基础医学类	四川大学华西附二院／生物治疗国家重点实验室
			2016YFA0101700	2	欧阳宏	基础医学类	中山大学中山眼科中心
			2016YFA0101800	3	蓝斐	表观遗传学	复旦大学生物医学研究院
			2016YFA0101900	4	姚骏	神经科学	清华大学生命学院
			2016YFA0102000	5	段才闻	肿瘤学	上海交通大学医学院
			2016YFA0102100	6	王琳	肝胆外科	中国人民解放军第四军医大学第一附属医院肝胆外科
			2016YFA0102200	7	李维达	生物科学类	同济大学附属东方医院
			2016YFA0102300	8	杨隽	医学细胞分子生物学	中国医学科学院基础医学研究所
			2016YFA0102400	9	王艳	生物化学与分子生物学	天津医科大学基础医学院生物化学与分子生物学系
			2016YFA0102500	10	陈红	医学	华中科技大学同济医学院附属同济医院同济医院
	生物安全关键技术研发	任务（课题）负责人	2016YFC1200300	11	王奇慧	生物化学与分子生物学	中国科学院微生物研究所
			2016YFC1200600	12	钱万强	基因组学，分子生物学	中国农业科学院深圳农业基因组研究所
			2016YFC1201400	13	张宗兴	暖通空调	中国人民解放军军事医学科学院
			2016YFC1201500	14	缪文俊	药剂学	南京工业大学药学院
			2016YFC1202100	15	崔鹏	动物学	环境保护部南京环境科学研究所

中国生物技术人才报告

时间	专项名称	人员分类	项目编号	序号	姓名	专业	工作单位
2016年	数字诊疗装备研发	项目负责人	2016YFC0101100	16	刘玉菲	电子工程	重庆大学光电工程学院
			2016YFC0101200	17	安海斌	化学	苏州大学放射医学与防护学院
			2016YFC0101300	18	姚春艳	临床检验诊断学	中国人民解放军第三军医大学第一附属医院
			2016YFC0101400	19	朱磊	医学物理	中国科学技术大学物理学院
			2016YFC0101500	20	魏阳杰	模式识别与智能系统	东北大学计算机科学与工程学院
			2016YFC0101600	21	尚禹	生物医学工程	中北大学信息与通信工程学院
			2016YFC0101700	22	廖艳苹	信息与通信工程	哈尔滨工程大学信息与通信工程学院
			2016YFC0101800	23	蒋俊	材料科学	中国科学院宁波材料技术与工程研究所
			2016YFC0101900	24	张国军	声学	中北大学仪器与电子学院
			2016YFC0102000	25	胡波	生物医学工程	西安电子科技大学生命科学技术学院
			2016YFC0102100	26	季敏标	生物医学光子学	复旦大学物理系
			2016YFC0102200	27	罗建文	生物医学工程	清华大学医学院
			2016YFC0102300	28	陶超	声学	南京大学物理学院
			2016YFC0102400	29	闵长俊		深圳大学光电工程学院
			2016YFC0102500	30	王媛媛	光学	温州医科大学眼视光学院医院
			2016YFC0102600	31	胡振华	智能信息处理	中国科学院自动化研究所
			2016YFC0102700	32	杨志	电子科学与技术	上海交通大学电子信息与电气工程学院微纳电子学系
			2016YFC0102800	33	张鑫	生物医学工程	中国科学院自动化研究所
			2016YFC0102900	34	祁峰	微波，激光，雷达	中国科学院沈阳自动化研究所
			2016YFC0103000	35	卢洁	医学影像学	首都医科大学宣武医院

续表

时间	专项名称	人员分类	项目编号	序号	姓名	专业	工作单位
2017年	干细胞及转化研究	项目负责人	2017YFA0105900	36	吴松	泌尿外科	深圳大学泌尿外科研究所
			2017YFA0106000	37	曾文	人体解剖与组织胚胎学	中国人民解放军第三军医大学基础部人体解剖学教研室
			2017YFA0106100	38	周瑾	组织工程与再生医学	中国人民解放军军事医学科学院基础医学研究所
			2017YFA0106200	39	袁方	肿瘤学	中国人民解放军总医院
			2017YFA0106300	40	苏士成	外科学	中山大学中山大学孙逸仙纪念医院
			2017YFA0106400	41	岳锐	细胞生物学	同济大学附属东方医院
			2017YFA0106500	42	汪源	细胞生物学	四川大学生物治疗国家重点实验室
			2017YFA0106600	43	刘赤	发育生物学	中国人民解放军第三军医大学第一附属医院肾内科
			2017YFA0106700	44	侯宇	细胞生物学	中国人民解放军第三军医大学第一附属医院
			2017YFA0106800	45	陈路	生物化学	四川大学生物治疗国家重点实验室
	生物安全关键技术研发	任务（课题）负责人	2017YFC1200100	46	王毅	生态学	中国科学院武汉植物园
			2017YFC1200200	47	单同领	生物医学工程	中国农业科学院上海兽医研究所
			2017YFC1200300	48	祖正虎	生物安全	中国人民解放军军事医学科学院生物工程研究所
			2017YFC1200400	49	杨文慧	军事预防医学	中国人民解放军军事医学科学院微生物流行病研究所
			2017YFC1200500	50	孙翔翔	预防兽医学	中国动物卫生与流行病学中心
			2017YFC1200600	51	王书平	植物检疫学	上海出入境检验检疫局动植物与食品检验检疫技术中心
			2017YFC1201200	52	滕明祥	生物信息学	哈尔滨工业大学计算机科学与技术学院
			2017YFC1201300	53	赵延礼	生物化学与分子生物学	青海大学医学院

注：按时间、专项类别和项目编号排序。

致 谢

本书在编写过程中，得到了科技部科技人才交流开发服务中心、教育部信息中心、北京万方数据股份有限公司等单位的大力支持，并为编写所需的内容提供了部分数据。国家互联网中心为调研工作的开展提供了技术支持。中国科学技术发展战略研究院、军事科学院军事医学研究院、中国科学技术信息研究所、中科院上海生命科学信息中心、中国医学科学院医学信息研究所、复旦大学公共卫生学院、上海交通大学公共卫生学院等单位都给予了支持与帮助，在此一并表示感谢。